禹曰

聊聊水利
那些事儿

湖北省水利水电科学研究院 ◎ 著

清华大学出版社

北京

内 容 简 介

本书采用一篇篇相互独立的科普图文向读者讲述水利故事、展示水利成就、普及水利知识，内容涵盖与"水"相关的生活现象、科学知识、前沿科技、政策制度与历史文化。本书内容丰富、形式多样、配图精美、语言幽默，是帮助社会大众，尤其是青少年认识水利、了解水利、参与水利的优秀读物，旨在为深化我国水利科普工作、推动水利行业精神文明建设作出积极贡献。

图书在版编目（CIP）数据

禹曰：聊聊水利那些事儿 / 湖北省水利水电科学研究院著 . -- 北京：清华大学出版社，2025.3. -- ISBN 978-7-302-68404-6

Ⅰ . TV-49

中国国家版本馆 CIP 数据核字第 202542K5G6 号

责任编辑：袁金敏
封面设计：刘　超
责任校对：徐俊伟
责任印制：杨　艳
出版发行：清华大学出版社
　　　　网　　址：https://www.tup.com.cn，https://www.wqxuetang.com
　　　　地　　址：北京清华大学学研大厦 A 座　　　　　邮　　编：100084
　　　　社 总 机：010-83470000
　　　　邮　　购：010-62786544
　　　　投稿与读者服务：010-62776969，c-service@tup.tsinghua.edu.cn
　　　　质 量 反 馈：010-62772015，zhiliang@tup.tsinghua.edu.cn
印 装 者：北京博海升彩色印刷有限公司
经　　销：全国新华书店
开　　本：170mm×240mm　　　　印　　张：11.25　　　字　　数：184 千字
版　　次：2025 年 3 月第 1 版　　　印　　次：2025 年 3 月第 1 次印刷
定　　价：128.00 元

产品编号：110500-01

创作团队

主　　编：翟丽妮　　吴凤燕

副 主 编：王平章　　关洪林

编写团队：宋　亮　　马丽梅　　林沛榕　　郭文慧

　　　　　邹　瑾　　骆　旋　　江　来　　车腾腾

　　　　　韩　玮　　刘心怡　　刘吉安

序

  2020 年 8 月，一个名为"禹曰"的公众号悄然诞生、静静成长、默默开花。创作者们以做"有温度、讲情怀、涨知识"的水利科普为初心，向大众普及水利知识、推广水利科技、回应社会关切。几年间陆陆续续推送了几十篇科普文章，其中"说好的'百年一遇'咋成了年年遇"和"洪水接二连三，我们一起来聊聊坝"分别获得 2023 年度水利部水旱灾害防御司"防汛抗旱你我他"科普图文大赛一等奖和二等奖，并被水利部宣传司、水旱灾害防御司等公众号转载。点点微光，实现了创作者们的初衷，也坚定了他们在科普之路上走下去的决心和信心。

  科研普及是实现创新发展的重要基础性工作。然而，大众对于科普的期待与科普的现状存在不相匹配的矛盾。科学本身是严肃的、严谨的，但面向大众的科普又需要生动、有趣。科普较难摆脱"严肃脸"，要么过于枯燥、收效甚微，要么信息量少、似懂非懂。如何兼顾传递知识、信息丰富、生动有趣、印象深刻，是科普工作必须思考和解决的现实问题。正如"禹曰"公众号所言："科学不该高居庙堂，只有少数人才能企及，科学应该是亲民的，是看得见、摸得着、可参与的；科学也不一定是呆板的、学究的，应具有诙谐、幽默和文艺的特征。"

水利是一门涉及自然科学和社会科学的综合学科，是一个传统、悠久而又重要的行业，与人们的日常生活既近又远，近指的是我们每天都离不开水，远指的是我们不知道水背后的故事。本书的作者是一群奋斗在水利科研一线的工程师们，他们跳出浩如烟海的工程资料和水文数据，放下堆叠如山的设计图纸和规划报告，从贴近生活的视角去挖掘水科学的知识和趣味，用通俗易懂的语言讲述水利工程、水利科技、水利发展和水利文化的故事，希望能为广大读者揭开水利的神秘面纱，让深奥的水利知识变得亲切可触。水利原本就是最贴近民生的行业，水利科普更应该接地气，这不仅是一份事业，更是一种情怀的寄托。

中国科学院院士，武汉大学教授

2024 年 11 月 5 日

前　言

　　水，滋养万物，孕育文明。自古以来，人类便与水结下了不解之缘，从最初的逐水而居到后来的治水兴邦，从远古的河流文明到现代的都市水网，其间人类与水的故事既有温柔细腻的诗篇，又有波澜壮阔的史诗。人与水的关系也经历了从依赖、利用到保护、共生的深刻转变，水利事业的发展见证了人类社会的进步与繁荣。

　　当今，随着科学技术的日新月异和气候环境的巨大变化，水利的内涵与外延正在不断地拓展。它不仅是农业的命脉、工业的血液，更是生态文明建设的重要支撑。在此背景下，《禹曰：聊聊水利那些事儿》应运而生。这本水利知识科普书籍的出版旨在打开一扇窗、搭建一座桥，通过书中深入浅出的文字、生动形象的图片以及贴近生活的故事来帮助广大读者走进水利的世界，带领读者一步步地探索其背后的奥秘，感受其独特的魅力，品味其深厚的底蕴。

　　在本书中，读者能够学习与水相关的自然科学知识，惊叹于水的千变万化；能够了解不同水利工程的作用与运行方式，发现其中隐藏的奥妙；能够思考如何平衡水资源的开发与保护，共同守护好我们的绿水青山；能够认识与水息息相关的动植物，体会大自然的奇特；能够了解古代治水英雄的辉煌成就，感受先人的智慧与勇气……

　　水利不是科研工程技术人员的专有领域，也不应该是书本上一个孤独而冰冷的专业名词。它关乎我们每一个人的生活质量和幸福指数，关乎国家的长治久安和民族的永续发展。期待阅读完本书后，读者不仅能够获得宝贵的水利知识，而且能够激发起心中对水利事业的热爱与关注，深刻地认识到水利对于国家发展、社会进步和人民福祉的重要性，唤起保护水资源和改善水环境的责任感和使命感，进而鼓励更多的人参与到水利事业中。

　　最后，衷心感谢每一位读者的支持与厚爱，愿本书能够成为你了解水利、关注水利、参与水利的良师益友。衷心感谢所有为本书编写、出版付出辛勤努力的同仁和朋友（李亮、赵爱军、金胜军、骆思捷等），是你们的智慧与汗水，让这本水利科普书籍得以面世。愿本书能够成为一把钥匙，开启读者探索水利世界的大门，共同书写水利事业的精彩篇章！

编者
2024 年 11 月

Contents 目录

水

自然科学
NATURAL SCIENCE

- 你知道水是什么颜色的吗

- 苏轼词句中蕴藏的水利两三事

- 月亮不爆炸，潮汐不放假

- 为你揭秘：水的上天入地

- 小水滴闯荡江湖——讲讲径流的形成

- 白雪飘飘何所似

- 说好的"百年一遇"咋成了年年遇

你知道水是什么颜色的吗

你是否认真地想过水是什么颜色？

是大海的蓝色？

是湖水的绿色？

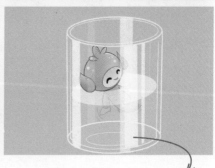

是夕阳下江水的红色？

还是如白开水般没有颜色？

翻阅浩瀚的古籍诗词，我们可以看到在历代诗人笔下"水"的五彩斑斓，既有"春来江水绿如蓝"的淡绿，又有"半江瑟瑟半江红"的碧绿和深红，还有"日落江湖白"的孤寂冷色调……这是因为诗人眼中的水融入了太多的情感和想象。

今天我们就来聊聊水到底是什么颜色的。

我们所能看到的物体的颜色取决于光经物体反射后进入眼中的颜色。太阳光由可见光和不可见光组成，不可见光有紫外光、X射线、红外光、无线电波等；可见光由"红、橙、黄、绿、靛、蓝、紫"七种颜色组成，波长为400～700nm。

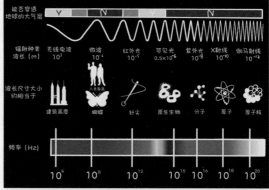

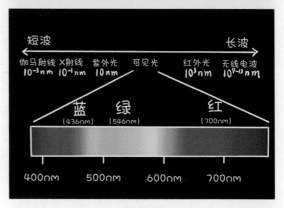

可见光的波长大于分子直径，与最小的原生生物的体长相当。

水之所以会变色，是因为阳光通过大气和水等介质时，发生了吸收、散射、反射、折射等现象。吸收是介质吸收了光的能量而温度升高的过程；散射、反射、折射则是光在传播中遇到介质后，传播方向发生了改变的现象。

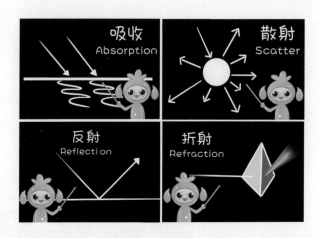

下图是水对光的吸收光谱，水对可见光的吸收相比于其他波段的光来说是较低的，所以大多数情况下我们看到的水是透明的。

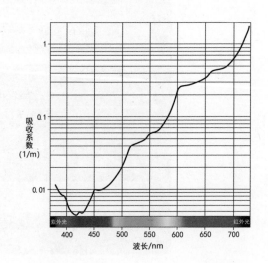

如果我们把可见光区域放大，会发现水在红光区域的吸收明显更高，这就是水选择性吸收的特性。

随着深度的增加，没有杂质的水对红、橙、黄、绿光的吸收就越明显，只要水深达到33cm以上，就能看到很浅的蓝色，水深达到3m以上就能看到明显的蓝色了。

那为什么看到的不是同样难以被水吸收的紫色呢？

因为人眼的视觉细胞对蓝光更为敏感。水的这种独特的选择性吸收特性使得它成为太阳系中最适合以液态稳定存在的物质。

为什么生物体内80%是水？如果不是水，怕是早被可见光加热蒸发了。

　　除了水对光线的作用，太阳的高度、水中的杂质和水底的物质也会改变我们所看到的水的颜色。

　　"一道残阳铺水中，半江瑟瑟半江红"是因为"残阳"已经接近地平线，几乎贴着地面照射过来，此时江水会对光进行反射、折射，再加上光的色散，江水就开始变色。受光多的部分呈现出红色，受光少的部分则呈现出碧绿色。

　　黄河因为水中含有大量的泥沙而呈现土黄色；红海因含有大量红褐色的海藻而呈现红色；城市河流由于含有较多的有机质，常呈现灰绿色，当底泥中的铁、镁离子在缺氧的情况下被释放出来时，我们所看到的水的颜色就会变成黑色。

　　我们所看到的水的颜色千变万化，当身旁的人对此有疑惑之时，希望你能告诉他们这背后隐藏的奥妙。

苏轼词句中蕴藏的水利两三事

大江东去，浪淘尽，千古风流人物。

故垒西边，人道是，三国周郎赤壁。

乱石穿空，惊涛拍岸，卷起千堆雪。

江山如画，一时多少豪杰。

——宋·苏轼《念奴娇·赤壁怀古》（节选）

　　九百多年前，北宋文学家苏轼站在滚滚东去的江水前，面对汹涌澎湃的波涛，神思飞往了赤壁之战时的三国，提笔写下了《念奴娇·赤壁怀古》这一千古名篇。词作的上阕描绘了开阔博大、风起浪涌的古赤壁自然风景和顶天立地、壮志在胸的三国英豪，不仅令读者感受到苏轼对古代战场和风流人物的凭吊追忆，还蕴藏了鲜为人知、干货满满的水利知识。

问题一："大江"为何"东去"？

在中华民族几千年的璀璨诗词长河中，不乏对"江水东流"的描写。例如，早在汉代的《长歌行》中就有"百川东到海，何时复西归"的疑问；南宋的"淮南夫子"陈造在《次韵郑同年饯行》中写出了"更引功名挽衰朽，天生江水不西流"的诗句；由明代词人杨慎填词，后被改编成歌曲、为大众熟知的《临江仙·滚滚长江东逝水》更是直白地表达了"滚滚长江东逝水，浪花淘尽英雄"的感慨。《念奴娇·赤壁怀古》中的"大江"即众所周知的长江，发源于青藏高原上的唐古拉山脉，全长 6300 余千米，是中国的第一大河。

　　"大江东去"的背后隐藏的是我国独有的地势特征——西高东低，呈阶梯状分布。地势的第一级阶梯是青藏高原，平均海拔4000m。其北部与东部边缘以昆仑山脉、祁连山脉、横断山脉与地势第二级阶梯分界。地势的第二级阶梯平均海拔为1000~2000m，其间分布着大型的盆地和高原。其东面以大兴安岭、太行山脉、巫山、雪峰山与地势第三级阶梯分界。地势的第三级阶梯上分布着广阔的平原，间有丘陵和低山，海拔多在500m以下。俗话说："人往高处走，水往低处流。"发源于地势第一级阶梯的长江自然而然地顺着地势由高到低、自西向东奔涌入海，成了沟通中国东部和中西部、沿海和内陆的重要水道。

汹涌澎湃的长江干流顺着地势阶梯逐级跃下，该过程使得江水具备了"排山倒海"的能量。勤劳且充满智慧的水利工作者们当然不会放过大自然的馈赠，在长江上修筑了一座座水电站，不但能调蓄洪水、防灾减灾，还能把江水的动能转化成电能，为"碳中和"和"碳达峰"贡献力量。2021年，长江干流上的乌东德、白鹤滩、溪洛渡、向家坝、三峡、葛洲坝6座梯级水电站年累计发电量创历史纪录，达 2628.83 亿千瓦时，相当于减排二氧化碳约 2.2 亿吨，标志着长江流域已成为世界上最大的清洁能源走廊。

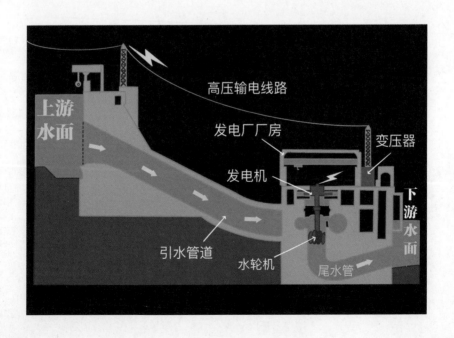

问题二："惊涛"何故"拍岸"？

苏轼词中所写的"惊涛拍岸"包含了两个科学问题：一是"江上的波浪是怎么产生的"，二是"波浪传播到最后为什么会拍在江岸上"。

　　首先，江浪的形成与地理特征密不可分。江河地势的高低差、河床的曲折和地形的变化都直接影响水流的速度和流向。当江水流经地势崎岖、河道狭窄之处时，水流受到阻碍，形成了水势的波动，便逐渐形成起伏的江浪。其次，风力也是推动江面形成波浪的主要因素之一。风吹过江河水面时，会传递一定的动能到水体上，这导致水面会发生波动，形成大小不一的波浪。当风向与水流方向一致时，风力对水流的推动作用更为显著，形成的江浪可能更加激荡，特别是在开阔的水域，风力足以产生长而宽的波浪。

　　那么江浪向岸边传播，最后为什么会狠狠地"拍"在江岸上呢？其中的科学原理并不复杂，主要是因为江浪在向岸边运动的过程中，下部的江水与粗糙的石砾、泥沙直接接触，传播过程中受到的阻力要远远大于上部的江水，导致下部的江水朝岸边的运行速度要慢于上部的江水，所以上部的江水会更快地抵达江岸，从而形成"惊涛拍岸"的景观。

中国诗词承载着几千年的文化积淀，其中蕴含着理想抱负、人生哲学、家国情怀，希望各位今后在品读古代诗词时，也能够以全新的视角发现蕴藏在诗词歌赋中的科学奥秘。

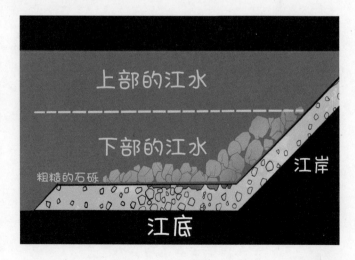

月亮不爆炸，潮汐不放假

春江潮水连海平，海上明月共潮生。

滟滟随波千万里，何处春江无月明！

——唐·张若虚《春江花月夜》（节选）

古诗《春江花月夜》有着"孤篇压全唐"的盛誉，被闻一多先生誉为"诗中的诗，顶峰上的顶峰"，其开篇第一句描写了月亮从海天交际处升起，潮水与大海连成一片奔涌而来的景象，作者张若虚敏锐地捕捉到了"海上潮起"与"明月幽升"之间的关联。

海水周期性涨落的现象，发生在白天的称"潮"，发生在夜间的称"汐"，合称"潮汐"，它的产生与月亮有莫大的关系，同时也受太阳的影响。

一、地月系如何运动

在介绍潮汐是如何形成之前，我们需要了解"地月系"的概念，它是指由地球与月球共同构成的一个天体系统。在地月系中，地球是中心天体，地月系的运动一般被描述为月球对于地球的绕转运动，而这种说法会让人们误解地球是个"安静的美男子"，只会一动不动地看着月亮在身旁旋转。

实际上，地月系的运动是地球与月球对于它们"公共质心"的绕转运动，而并非月球绕地心的转动，这个"公共质心"在地球内部，距地球表面约1650km。

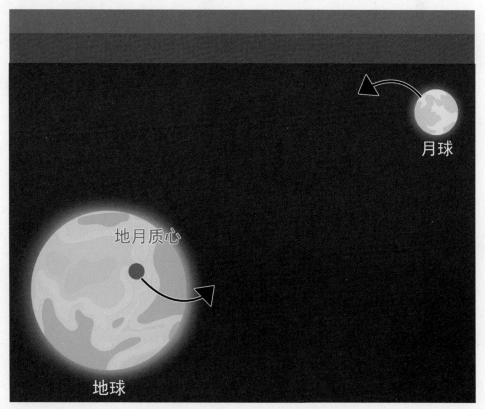

注："地月质心"即"公共质心"。

二、潮汐是如何产生的

尽管地球上的其他因素（如地形、水深等）也会对潮汐产生一定的影响，但其主要是由月球和太阳对地球的引力造成的。

正对月球的海水受引力大，向外膨胀，出现涨潮；而背对月球的海水受引力小，离心力相对较大，海水在离心力的作用下，向背对月球的地方膨胀，同样会出现涨潮。

太阳引力也会对潮汐产生一定的影响。当太阳、地球和月球处于一条直线上时，太阳与月球的引潮力相互叠加，形成较大的潮汐；而在太阳、地球的连线与月球、地球的连线垂直时，太阳与月球对地球的引潮力在一定程度上相互抵消，形成较小的潮汐。

所以"月亮不爆炸，潮汐不放假"，月球的引力为地球上的潮汐提供源源不断的动力。

大潮（情形一）

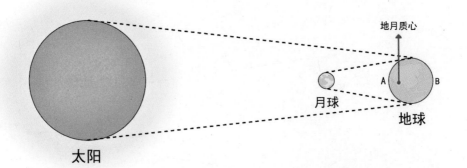

① 日、地、月位置关系：日、地、月大致在同一条直线上，月球位于太阳与地球之间。

② 说明：A处受太阳和月球的吸引，引潮力大，出现大潮；B处受地球绕地月质心旋转产生的离心力的影响，海水上涨，出现大潮。

大潮（情形二）

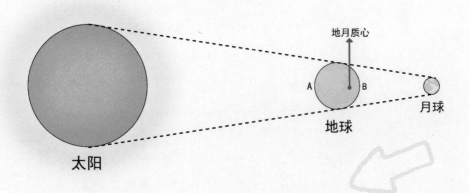

① 日、地、月位置关系：日、地、月大致在同一条直线上，地球位于太阳与月球之间。

② 说明：A处受太阳的吸引及地球绕地月质心旋转产生的离心力的影响，出现大潮；B处受月球的吸引及地球绕日旋转产生的离心力的影响，出现大潮。

小 潮

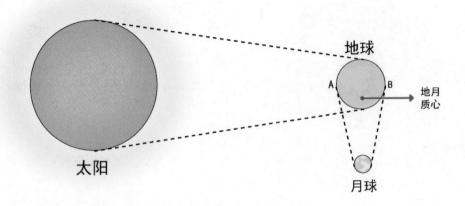

①日、地、月位置关系：太阳、地球的连线与月球、地球的连线垂直。

②说明：太阳对地球的引潮力与月球对地球的引潮力垂直，月球对地球的引潮力被太阳对地球的引潮力抵消了一部分，因此出现小潮。

注：

①万有引力定律属于自然科学领域定律，自然界中任何两个物体都是相互吸引的，引力的大小跟这两个物体的质量乘积成正比，跟它们的距离的二次方成反比。

②离心力是一种虚拟力，是一种惯性的体现，它使旋转的物体远离它的旋转中心。

③引潮力是地球由于受到月球（或太阳）的引力和因月球绕地球（或地球绕太阳）公转而产生的离心力的合力。月球引潮力约是太阳引潮力的2.17倍。

三、我们能否利用潮汐

海洋面积约占地球表面积的71%，海上潮来潮往，其中蕴含的能量无法估量。我们能否利用潮汐呢？答案是肯定的。充满智慧的水利工作者想到了"潮汐发电"这一妙招。

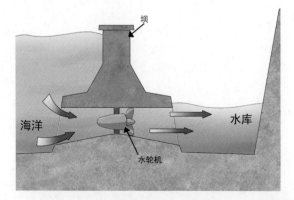

▲ 海水涨潮时水位高于水库水位，海水向水库流动推动水轮机运转。

潮汐发电与普通水力发电原理类似，在涨潮时将海水储存在水库内，以势能的形式保存，然后在落潮时放出海水，利用高、低潮位之间的落差推动水轮机旋转，带动发电机发电。

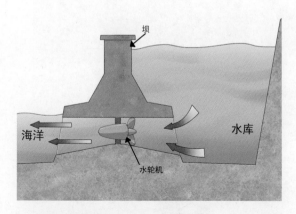

▲ 海水退潮时水位低于水库水位，水库水向海洋流动推动水轮机运转。

中国最大的潮汐电站是1985年年底建成的浙江省温岭市江厦潮汐试验电站，总装机容量3200kW，是世界已建成的较大的双向潮汐电站之一。2019年10月7日，江厦潮汐试验电站被国务院列入第八批全国重点文物保护单位名单。

为你揭秘：水的上天入地

练得身形似鹤形，千株松下两函经。
我来问道无余说，云在青天水在瓶。

——唐·李翱《赠药山高僧惟俨二首》（节选）

唐朝文学家李翱登上药山，看见身形似鹤的禅师坐在松树下诵读经书，便走上前去求经问道，然而禅师没有多言，只是说了一句："云在青天水在瓶。"

后世对"云在青天水在瓶"有很多解释，有的说"身处不同的位置就有不同的行事作风"，还有的说"形态修为决定了所处地位"。天上云和瓶中水本是同一物，可是水利人却从这句诗中看到了四个大字——水文循环。

一、什么是水文循环

地球上以液态、固态和气态的形式分布于海洋、陆地、大气和生物机体中的水体构成了地球上的水圈。水文循环也称水循环，是指水圈中的各种水体通过不断蒸发、水汽输送、凝结降落、下渗、径流等形式往复循环的过程。

水文循环可分为"大循环"和"小循环"两类。其中"大循环"代表海陆之间的水分交换过程；"小循环"则表示海洋上蒸发的水汽在海洋上空凝结后，以降水的形式落到海洋里，或陆地上的水经蒸发、凝结又降落到陆地上的过程。

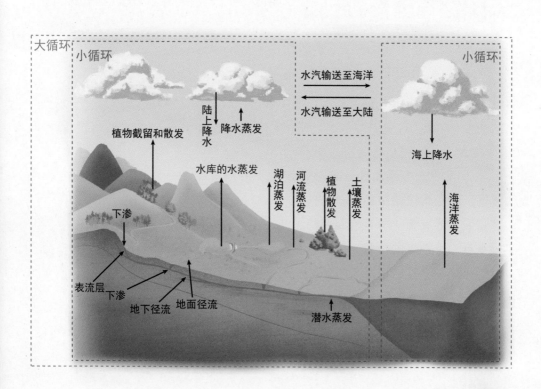

二、水的形态如何转变

在水文循环的帮助下，水就有了上天入地的本领。

（一）瓶中水到天上云

太阳光照射时，江水、河水、海洋等水面的蒸发以及植物叶面的蒸腾，会产生大量的水汽。当水汽进入大气层，随着高度的增加，空气越来越稀薄，大气压强越来越低，空气温度也不断降低，大气层容纳水汽的能力逐渐减弱。当温度降低到一定程度时，空气中的水汽便会达到饱和状态。如果水汽继续上升，就会有多余的水汽析出。当大气的温度高于0℃时，多余的水汽便凝结成小水滴；当温度低于0℃时，多余的水汽则凝华汇集为小冰晶。当这些小水滴和小冰晶逐渐增多，"相聚"在一起并达到一定数量时，便形成了肉眼可见的云。

除了充足水汽和空气冷却这两个条件，云的形成还有一个最为关键的因素——凝结核。

大气中的水汽能在一些悬浮微粒上凝结成小水滴，这些微粒通常称作凝结核。大气凝结核由固态物质、溶液滴或两者的混合物组成，其化学成分很复杂，最常见的是氯、氮、碳、镁、钠、钙等元素的化合物。凝结核在云的形成上起着尤为关键的作用。它能使水汽依附在自己身上，为大量水汽的"欢聚一堂"（碰撞结合）提供条件，从而生成形状各异的云。

（二）天上云到瓶中水

降水是云中的水分以液态或固态的形式降落到地面的现象，它包括雨、雪、霜、冰雹、冰粒等降水形式。

当大量的暖湿空气源源不断地输入雨区，遇到能使地面空气强烈上升的机制（如地形抬升、冷暖气团相遇等）时，暖湿空气便会迅速抬升并不断冷却，当温度低于露点（空气中所含的气态水达到饱和而凝结成液态水所需要降至的温度）后，水汽便凝结成越来越大的云滴（半径小于 $100\mu m$ 的水滴），当云滴通过凝结、合并碰撞、相互吸引等方式不断增大到上升气流不能浮托时，便形成了降水。

水文循环是水的形态在一定条件下发生改变的自然现象，而"云在青天水在瓶"却不局限于表达水文循环的客观规律，更多的是隐喻处世的心态和做事的格局。正所谓："人法地，地法天，天法道，道法自然。"想不到文人墨客的哲学思想中竟也讲述了水文循环的朴素规律。

小水滴闯荡江湖——讲讲径流的形成

天空乌云密布，在厚厚的云层中，有一颗刚"成年"的小水滴，它很快就要离开云层这个温暖的港湾去独自闯荡了，但对于要去往的世界，它还一无所知。它眨巴着大眼睛，对世界充满了好奇与新鲜感。

忽然一阵大风吹过，"啊啊啊啊啊！"小水滴掉落下来了。

滴落在地面的一滴水会流向何方？

俗话说："人望高头，水往低流。"最先接住小水滴的是一棵大树，它伸长的枝干和叶子就像一只大手，将水滴接住。

滴落在地面的一滴水，

会流向何方？

水往低处流，

就是哪边低，它就会往哪边流。

接着，小水滴纵身一跃，跳到了草丛上。草丛就是一个天然的滑梯，小水滴顺着滑梯一路下滑，简直不要太好玩！路上它还遇到了很多小伙伴，它们手牵着手，不断发展壮大。有些小伙伴停留在了树叶上、草丛中，流连忘返（即截留）；有的跳进了水坑里就不出来了（即填洼）；还有的钻进了土里（即下渗），或被蒸发重新回到天上。

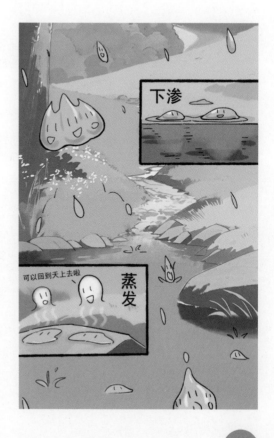

剩下的水滴则义无反顾地沿着坡地汇集起来（即坡地汇流），形成了一股股水流，汇成了溪流，再一路引吭高歌汇进河流、湖泊（即河网汇流），最后进入海洋……

径流的形成过程就是从降水开始到水流汇集于流域出口的复杂物理过程。这个过程可以大致分为几个主要环节：降水、流域蓄渗、坡地汇流和河网汇流。

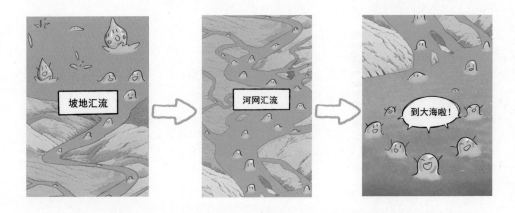

（1）降水阶段。降水是径流形成的起点，它为径流提供了主要的水源。降水不仅包括雨，还包括雪、冰雹、霰等多种形态。

（2）流域蓄渗阶段。在这个阶段，部分雨水被植物茎叶拦截，形成截留。之后，部分雨水从地面渗入土壤，这个过程叫作下渗。同时，一部分水分会停蓄在地面洼陷处，形成填洼。在这一阶段，大部分雨水并不会立即形成径流，而是被植物、土壤和地面洼地所吸收或储存。

（3）坡地汇流阶段。当土壤含水量达到饱和或降水强度大于入渗强度时，剩余的水分就会开始流动，形成坡面流。这些坡面流会沿着地形坡度的方向向下流动，逐渐汇集起来，形成更大的水流。

（4）河网汇流阶段。在这个阶段，坡面流汇入河流，形成河槽流。河槽流在流动过程中会不断地接纳沿途的支流，最终汇集到流域的出口断面，形成人们常见的河流。

在整个径流的形成过程中，地形地貌、植被覆盖和土壤渗透性等因素都起到了重要的作用。例如，地形的高低起伏和坡度大小会影响径流的速度和方向；植被覆盖情况会影响土壤的持水能力和水分的蒸发散失；土壤渗透性则决定了雨水能否顺利渗入地下，形成地下水。

此外，气候特征也是影响径流形成的重要因素。比如，降水量的大小和分布会影响径流的水量；气温的变化则会影响水分的蒸发和散失速度，进而影响径流的形成。

总的来说，径流的形成是一个复杂而精细的物理过程，它涉及降水、植被覆盖、地形地貌、土壤渗透性、气候特征等多种因素的相互作用。通过了解径流的形成过程，我们可以更好地理解水循环的奥秘，也能更好地保护和利用水资源，实现人与自然的和谐共生。

白雪飘飘何所似

谢太傅寒雪日内集，与儿女讲论文义。俄而雪骤，公欣然曰："白雪纷纷何所似？"兄子胡儿曰："撒盐空中差可拟。"兄女曰："未若柳絮因风起。"公大笑乐。即公大兄无奕女，左将军王凝之妻也。

——南北朝·刘义庆
《世说新语·咏雪》

谢太傅（谢安）在一个寒冷的雪天把子侄辈的人聚集在一起，跟他们讲论诗文。忽然天空大雪纷飞，谢太傅高兴地说："这纷纷扬扬的白雪像什么呢？"他哥哥的长子胡儿（谢朗）说："把盐撒在空中差不多可以相比。"他另一个哥哥的女儿（谢道韫）说："不如比作风吹柳絮满天飞舞。"谢太傅听到后高兴地笑了。她就是谢太傅大哥谢无奕的女儿，左将军王凝之的妻子。

后世多用"咏絮之才"赞誉有才华的女子。其实，如果用"撒盐空中"来比喻南方的雪，反倒更显贴切。

一、南北方雪的区别

北方的雪

南方的雪

（1）形状不同：北方的雪，通常以雪花的形态落下；而南方的雪则容易粘连在一起，没有独立的形态。

（2）声音不同：一是下雪时的声音不同。北方的雪重量较轻，落下时是安静的；南方下雪则是热闹的，尤其是雪霰（小冰粒）打在屋顶上、窗沿上、大地上，发出噼里啪啦的响声。二是踩上去的声音不同。北方的雪较为疏松、容易散开，踩起来的声音是咯吱咯吱，脆脆的；而南方的雪质地较密实，踩起来的声音是吱、吱，闷闷的。

（3）含水量不同：同样体积的雪，北方的雪含水量较少，形成的是"干雪"，较轻；而南方的雪含水量较多，形成的是"湿雪"，较重。

二、南北方雪的形成机制

当近地面气温在0℃以上，雪花落地前会有一部分先融化，变得很有"黏性"，容易粘连在物体表面，称为"湿雪"。当近地面气温远低于0℃，雪花在下落过程中不会融化，析出的水量少，那么雪花落到地面后就比较松散，称为"干雪"。

北方的空气相对干燥，气温较低，更易形成"干雪"。相比之下，南方的气温较高，空气湿度也相对较高，因此形成的雪含水量多，是"湿雪"。北方的下雪天，人们会把棉衣、毛毯等平铺在雪地上用木棍敲打去污，但是如果在南方这样做，就很可能变成"和稀泥"了。

根据气象学的统计数据，"干雪"的密度是水的1/10，而"湿雪"的密度则是"干雪"的5~8倍，所以即使在积雪深度相同的情况下，"湿雪"的重量还是要比"干雪"更重。

俗话说："冬天麦盖三层被，来年枕着馒头睡。"这句话说的是北方冬麦区如果冬天能下几场雪，来年的麦子必定大丰收。其中一个原因就是北方的雪十分蓬松，雪花之间的空隙充满空气，而空气的导热性较差。冬麦区覆盖一层雪，就像给小麦盖了一床棉被，既可以阻挡寒气入侵，又能减少土壤热量外传，从而保护麦苗安全过冬。

说好的"百年一遇"咋成了年年遇

每到汛期，时常听到"百年一遇"暴雨、"百年一遇"洪水带来的灾害，我们不禁感慨为什么有生之年遭遇这么多"百年一遇"的自然灾害，可中五百万大奖的好事儿却从未亲身经历过！

其实，"N年一遇"是指水文学中的重现期，它的倒数代表的是某一事件在一年里发生的概率。"百年一遇"并不是说一百年内一定会发生一次，可能一百年内一次也没发生，也可能一百年内发生了很多次！

要想彻底搞明白重现期，就要先捋清楚三个基本概念：一是随机事件，二是频率，三是概率。

029

一、随机事件

我们每天都会遇到很多事情，但都可以归纳成三种类型：一是必然事件，比如太阳照常升起；二是不可能事件，比如一觉醒来发现自己变成了18岁；三是随机事件，比如投掷骰子得到的点数。

二、频率

生活中的随机事件并不少，像投骰子、玩石头剪刀布、抽奖……结果都让人无法预见。在有限的随机试验中，某一事件出现的频繁程度（即出现可能性的大小）就是频率。

三、概率

当随机试验的次数足够多，甚至涵盖了所有可能性时，频率就会趋于稳定，这个稳定的数就是概率。可见，频率是局部的、不断变化的；概率是总体的、相对稳定的。

举个通俗的例子，小明正在苦恼到底要不要跟暗恋了多年的姑娘表白，只好抛硬币，抛到正面就表白，抛到反面就不表白。抛到正面的概率是 0.5，换算成重现期就是平均每 2 次会遇到一次正面。

可惜小明连续抛了很多次都没能抛到正面。

虽然抛到正面的概率是 0.5（即平均每 2 次一遇），可谁也不敢保证每 2 次就一定有一次出现正面，可能抛 1 次正面就出现了，也可能抛了 6 次一直都是反面。

次数	1	次数	1	2	3	4	5	6
正面	✔	正面						
反面		反面	✔	✔	✔	✔	✔	✔

以此类推，"百年一遇"的暴雨所表达的意思是每年发生这种降雨的概率是1%，但并不表示发生这种量级的降雨一定是一百年才出现一次。

大暴雨的概率

- 今年：1%的概率 ☑
- 明年：1%的概率 ☑
- ×年：1%的概率 ☑
- 一定一百年出现一次 ☒

经计算，某地未来10年至少出现一次"百年一遇"降雨的概率是 $1-\left(\dfrac{99}{100}\right)^{10} \approx 9.56\%$；而双色球中一等奖的概率仅为 0.0000056%，几乎接近不可能事件了。

> 最后再画一下重点：
> ① 重现期是随机事件发生的概率，虽然名字跟周期有点儿像，但千万别混淆，它俩根本不是一回事儿。
> ② 随机事件发生的可能性的大小与其在某一年内到底会不会发生是不能画等号的。

我们经历的每一年在历史的长河中只是短暂的样本，各种自然灾害发生的频率有高有低，即便穷尽一生也无法验证其发生概率。今后，再有人发出"说好的'百年一遇'咋成了年年遇"的疑问，希望你也能给出正确的解释。

水 兴利除害

BRING GOODNESS AND
ELIMINATE HARM

- 国家水网能网水吗

- 节水灌溉作用大，守护阵阵麦浪香

- 聊聊水利补短板

- 洪水接二连三，我们一起来聊聊坝

- 让地球重回颜值的巅峰

- 常见的水利工程——护坡

- 管涌——让堤坝"后院起火"的罪魁祸首

国家水网能网水吗

提到网，大家想到的是捕鱼用的渔网？蜘蛛结的蜘蛛网？还是互联网？在我们的祖国大地上，还有一张广阔无垠的大网，那便是"国家水网"。它拥有神奇的魔力，不同于俗语中的"竹篮打水一场空"，它能网住东西南北的水资源，并且为"各路豪杰"所用。

一、国家水网的由来

水网是指水资源的运载网络。国家水网是以自然河湖为基础、引调排水工程为通道、调蓄工程为节点、智慧调控为手段，集水资源优化配置、流域防洪减灾、水生态系统保护等功能于一体的综合工程体系。与国家电网、公路网、高速铁路网等网络相比，国家水网并不只是简单的工程网，而是由自然河湖水系与水利工程构建的复合网络系统。

河流
45203条

我国流域面积50平方公里及以上

湖泊
2865个

常年水面面积1平方公里及以

水库
9.8万余座

大中型
灌区
7330余处

我国基本水情一直是夏汛冬枯、北缺南丰，水资源时空分布极不均衡，全国人均、亩均水资源占有量分别仅为世界平均水平的1/4和1/2。而水是生命之源，从古至今对人类社会的生存发展都起着重要作用。

因此，为了解决水资源时空分布不均的问题，更大范围地实现空间均衡、绿色发展、有效应对水旱灾害风险，更高标准筑牢国家安全屏障，国家正在加速构建这个增进人民福祉的超级大网——国家水网。

二、国家水网的发展

我国自古以来就有构建江河水网的实践探索，都江堰、京杭大运河等宏伟工程至今仍发挥着重要作用。中华人民共和国成立以来，党领导人民开展了波澜壮阔的水利建设，建成了世界上规模最大、范围最广、受益人口最多的水利基础设施体系，这为建设国家水网奠定了重要基础。

2023 年，中共中央、国务院印发了《国家水网建设规划纲要》(以下简称《规划纲要》)，是当前和今后一个时期国家水网建设的重要指导性文件，规划期为 2021—2035 年。《规划纲要》提出，国家水网的主要任务是构建国家水网之"纲"，织密国家水网之"目"，打牢国家水网之"结"。

所谓"纲"，主要是指大江大河大湖自然水系、重大引调水工程和骨干输排水通道，这也是国家水网的主骨架和大动脉。

所谓"目"，主要是指区域性河湖水系连通工程和供水渠道。

所谓"结"，主要是指具有控制性地位、控制性功能的水资源调蓄工程。

国家水网的总体布局是加快构建国家水网主骨架、畅通国家水网大动脉、建设骨干输排水通道。发展目标是到 2035 年基本形成国家水网总体格局，国家水网主骨架和大动脉逐步建成，省市县水网基本完善，构建与基本实现社会主义现代化相适应的国家水安全保障体系。

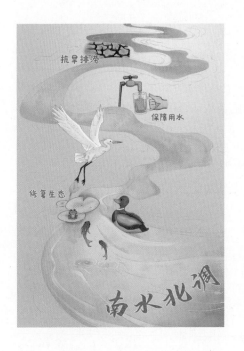

南水北调工程通过东、中、西三条调水线路，将长江、黄河、淮河和海河四大江河相互连通，构成以"四横三纵"为主体的国家水网主骨架、大动脉，成为规模最大、距离最长、受益人口最多、受益范围最广的调水工程。

治水兴水，利在千秋。水网与交通运输网、能源网和通信网被列为影响现代社会人类生活的四大基础设施网络。

南水千里进京路

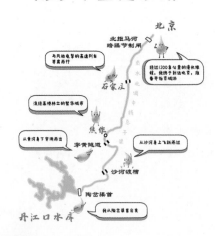

南水北调中线工程极大地解决了北京、天津、河北、河南等地的水资源短缺问题。

节水灌溉作用大，守护阵阵麦浪香

赤日炎炎似火烧，野田禾稻半枯焦。

农夫心内如汤煮，公子王孙把扇摇。

——宋·佚名《七绝民歌》

清光绪三年（1877年），河南、山西发生严重干旱，夏秋两季的农田没有半点收成，赤地千里。时人曾作《丁丑奇荒记》来记录这场天灾下的人性失常，其中一章写道：

小孩弃于道，或父母亲提而掷之沟中者，死则窃而食之，或肢割以取肉，或大脔（Luán，意为把肉切成块）如宰猪羊者。有御人于不见之地而杀之，或食或卖者。有妇人枕死人之身，嚼其肉者。

　　"粮食保障"一直是中国历朝历代重点关注的民生问题，多年来，农民辛勤劳作却仍摆脱不了"看天吃饭"的命运。根据《2023中国水旱灾害防御公报》，我国农作物因旱受灾的面积为380.37万公顷，因旱绝收的面积为21.83万公顷。很大程度上，干旱灾害是威胁各地"粮袋子"的罪魁祸首。2024年水利部公布的水利重点工作中，"夯实乡村全面振兴水利基础"位列第三，重点布置了"推动农村供水高质量发展""推进灌区现代化建设与改造""确保粮食安全"等任务。

　　水利是农业的命脉，通过水利工程的建设与水利科技的发展，农田的粮食产量不再"听天由命"。其中灌溉工程功不可没，它包含水源工程、输配水工程和田间工程，体系越完善，其抵御干旱的能力就越强大。随着社会经济的发展与可持续发展理念的深化，对于灌溉工程的覆盖率、保障率和节水率都提出了更高的要求。如何用更少的水源去滋养更广袤的土地？看似不可能完成的任务却催生出了今天的主角——节水灌溉技术。

低压管道输水灌溉是借助水泵和自然落差增加水流的压强，利用铺设管道把水流输送到田间，以充分满足作物的需水要求的技术。这种方法可以避免输水损失和蒸发损失，比渠系节水 30%~50%；同时水流速度快、灌溉效率高、灌水劳动生产率高，可减少灌水用工、用时，一般比渠系的灌溉效率高 1 倍以上。

▲ 低压管道输水灌溉

喷灌是借助水泵和管道系统或利用自然水源的落差，通过喷头把具有一定压力的水喷洒到空中，散成小水滴降落到植物上和地面上的灌溉方式。喷灌几乎适用于除水稻外的所有大田作物，以及蔬菜、果树等经济作物。同传统的地面灌溉相比，它具有适应性强、节水、节地、省电、省工、灌水均匀、自动化等优点。

▲ 喷灌

微灌是按照作物需水要求，通过低压管道系统与安装在末级管道上的特制灌水器，将水和作物生长所需的养分以较小的流量，均匀、准确地直接输送到作物根部附近的土壤表面或土层中的灌溉方法。与传统的地面灌溉和大面积的喷灌相比，微灌只以少量的水湿润作物根部附近的土壤，因此又叫局部灌溉。微灌精细高效，包括滴灌、微喷灌、涌泉灌和渗灌等方式，是用水效率最高的节水灌溉技术之一。

▲ 滴灌

滴灌是以色列最著名的节水灌溉技术。以色列位于亚洲西部，是亚、非、欧三大洲接合处，气候干燥，自然资源贫瘠，山区和沙漠占国土面积的2/3，年降雨量为400 ~ 550mm，人均水资源占有量不足300m^3，是真正的"水贵如油"的国家。由于滴灌技术的成功，以色列自20世纪70年代以来，耕地面积从16.5万公顷增加到44万公顷。使用滴灌技术后，以色列农业用水总量一直稳定在13亿立方米左右，而农业产出却翻了五番，看似不起眼的节水灌溉技术让"沙漠王国"焕然一新。

一粥一饭，当思来之不易。饭桌上美味佳肴的背后不仅有着农民劳作的辛勤汗水，还饱含了农田水利工作者守护国家粮食安全、建设和美乡村的智慧与决心。

聊聊水利补短板

2016年受超强厄尔尼诺事件影响，超强暴雨让武汉开启了"看海"模式。2020年6月，湖北省迎来了40余天的超长梅雨季，但"士别三日，刮目相看"，在本次"暴力梅"的考验下，武汉却做到了雨停路干，市民们不再需要涉水徒步。这一切都要归功于水利补短板工程，武汉在2020年的"大考"中交出了令人满意的答卷。

不过在取得成绩的同时，也暴露出了新的短板。比如，中小河流治理不彻底、控制性闸站工程年久失修、建设标准偏低等。很多人会问，在提倡顺应自然、人与自然和谐共生的今天，为什么还要不停地去补水利工程短板？带着这个疑问，我们先来了解一下水资源的天然分布与人类需求之间的矛盾。

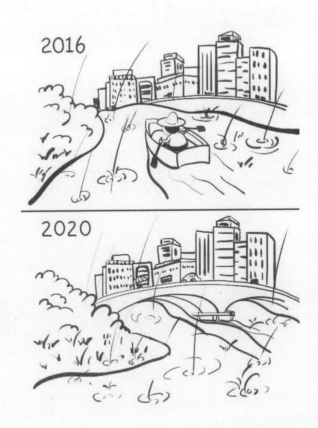

　　降水是水资源最重要的补给来源，但是我国降水的时空分布却极不均衡。

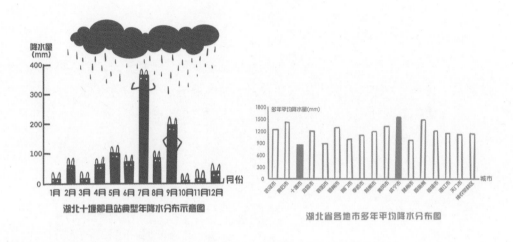

湖北十堰郧县站典型年降水分布示意图

湖北省各地市多年平均降水分布图

　　我们每天的生活用水量基本是稳定的，即使有微小的季节性波动，也无法适应自然变化的节奏。

水利工程就是用来解决人类对水资源的需求与水资源时空分布不均衡之间的矛盾的，通过工程措施把人类无法利用的、可能致灾的洪水存蓄或及时排走，把能够利用的水转化为有利于人类生存和发展的资源，尽可能地减少旱涝等天气事件所带来的灾害损失。

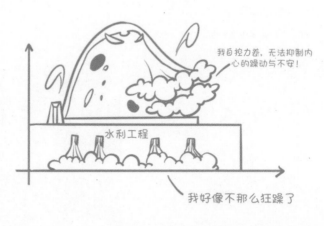

我自控力差，无法抑制内心的躁动与不安！

水利工程

我好像不那么狂躁了

那水利工程的短板又是怎么产生的呢？以区域排涝泵站为例，其建设之初保护的目标是农作物，排涝标准为 10 年一遇 3 日暴雨 5 日排完，但随着区域的建设发展速度不断加快，原来的荒地变成了工业园区、高档住宅，原来的稻田改种附加值更高的经济作物。不透水路面的增加导致同一量级的降水产流更多了。泵站的排水任务更重了。经济价值不断增高的保护目标对泵站的排水速度也提出了更高的要求。原来的稻田可以接受淹水 5 天，可现在高附加值的经济作物、高档住宅接受不了这个标准，于是水利工程的短板也就产生了。

可以说，水利工程的短板是水利发展建设滞后于区域发展、滞后于人民追求更加美好幸福生活的短板。那为何不在建设之初就预留出区域发展的余量，建设一个超大规模的泵站呢？因为不计成本并非发展之道，区域的建设规划也不可能一劳永逸，泵站工程并非做得越大越好，而是需要规模适度、经济合理。

水利工程的补短板是将"好钢用在刀刃上"，用最少的投资来解决最为突出的问题。水利工程是人民美好幸福生活的守护者，随着人们生活水平的日益提高，生活需求的日益丰富，水利补短板也一直在进行。

注：文中数据来源于《湖北省第三次全国水资源调查评价报告》。

洪水接二连三，我们一起来聊聊坝

一到汛期，洪水总是接二连三，但大多数情况下人民的生产生活仍能井然有序地进行，这显然离不开政府部门的运筹帷幄与军民同心的抗洪抢险，但我们也不能忘记一位沉默寡言的防洪功臣——大坝。

大坝是水库的拦水大堤，一般修建在崇山峻岭中，具有防洪、灌溉、供水、发电等多种功能。

大坝身后的水库一般有 6 个特征水位，从低到高依次是死水位、防洪限制水位、正常蓄水位、防洪高水位、设计洪水位和校核洪水位。每一个水位都对应着一种功能需求。

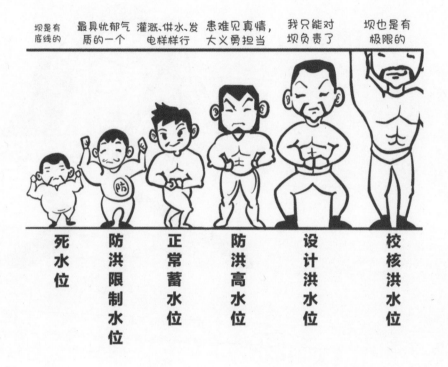

一、死水位

死水位是水库允许的最低水位，是保证水库水量的底线，主要供泥沙淤积之用。

二、防洪限制水位

既然水库里的水用处广泛，那是不是多多益善呢？很遗憾，一旦到了汛期，水库必须在洪水来临之前腾出库容，做好接纳洪水的准备。"大考"之前必须轻装上阵，这说的就是防洪限制水位，它是水库在汛期允许主动蓄水的上限值。虽然提前放水会损失一些效益，但为了保护下游安全，这是十分必要的。

三、正常蓄水位

正常蓄水位是为了满足人类灌溉、供水、发电等生存发展的需要，水库必须提前存蓄的水位值，就像银行里的存款。

四、防洪高水位

　　防洪高水位是为了保护水库下游城镇、农田、工厂等而设立的，防洪高水位与防洪限制水位之间的蓄水空间用于分担下游的防洪压力。当上游、下游同时下大雨时，水库可以把上游的雨水先存蓄起来，等下游的雨小了，河道水位没那么高了，再缓慢地将水放入下游河道，从而起到蓄洪、削峰和错峰的作用。

五、设计洪水位

设计洪水位是为了确保大坝本身的安全而设立的。设计洪水位越高，大坝就要建得越高、越坚固，能调蓄的洪水量也越大，但同时造价也会更高，上游库区的淹没范围也越大。

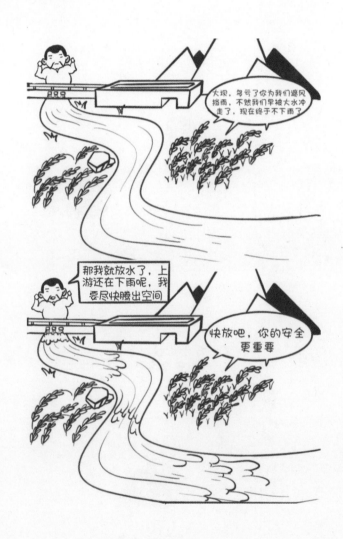

六、校核洪水位

校核洪水位是为了保护大坝本身的安全而设立的，比设计洪水位还要高一个等级，是应对非常规情况下，水库短期内允许达到的最高水位。

好了，下面一张图帮你记住水库6个特征水位的位置和功能。

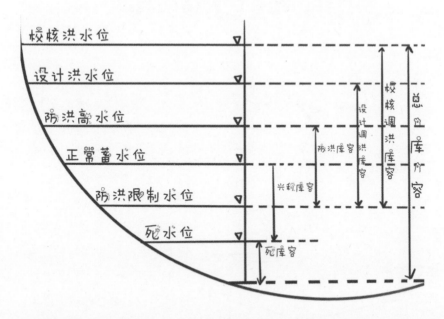

当遭遇干旱时，大坝用清凉甘甜的清水滋养万物；当遭遇洪水时，大坝用伟岸坚实的脊背扛下所有。它不是万能的，也不是完美的，但岁月的静好离不开它默默地付出。说起大坝，就不由得想到一首诗：

你见，或者不见我，

我就在那里，

不悲不喜；

你念，或者不念我，

情就在那里，

不来不去；

你爱，或者不爱我，

爱就在那里；

不增不减；

……

让地球重回颜值的巅峰

被誉为"地球之癌"的荒漠化，不但严重影响地球的颜值，更导致了农作物的种植面积的减少，还加剧了周边居民饥饿和贫穷的风险。也许我们对于荒漠化的概念还不太熟悉，但对于沙漠化却耳熟能详。一提到沙漠，我们的脑海中便会浮现黄沙一片、寸草不生、绵延死寂的景象。

土地沙漠化是指由于气候变化和人类活动在内的种种因素造成的干旱、半干旱和亚湿润干旱地区的土地退化。沙丘在风力的带动下，不断向非沙漠地区移动，如果风力足够大，就可以把沙子带到更远的地方沉降，日积月累，非沙漠地区会渐渐地被沙漠吞噬。那么一道密不透沙的铜墙铁壁是否能完全阻止沙漠化的进程呢？而我们分不清楚的荒漠化、沙漠化、石漠化又到底有着怎样的关联和区别呢？

1992 年联合国环境与发展大会给荒漠化的定义是：由于气候变化和人类不合理的经济活动等因素，使干旱、半干旱和具有干旱灾害的半湿润地区的土地发生了退化。

荒漠化的过程是渐变的、悄无声息的，一般是由于干旱、炎热、少雨、多风等自然因素，以及过度开垦、灌溉、放牧、樵采等人为因素导致土壤质量和生产力下降而逐渐荒芜的过程。

沙漠化、盐渍化、寒漠化、石漠化、红漠化……这些都是荒漠化家族里长相各异的"兄弟姐妹"，它们都属于荒漠化的范畴。

荒漠化家族还具有显著的地域分布特征。沙漠化主要被沙粒覆盖，在我国多分布在西北干旱地区；盐渍化由于盐分集聚而导致土壤退化，多分布在华北平原地区；石漠化因人为因素造成植被持续退化乃至消失，造成岩层大面积裸露于地表（或砾石堆积），多分布在云贵高原等喀斯特地貌区；红漠化因地表红壤流失，造成红色石山裸露，多分布在江南丘陵基岩以红色砂岩为主的地区；寒漠化因气温极低导致植被贫乏，多分布在高纬度和高海拔地区。

土地退化、土壤质量和生产力降低也许每天都在发生。荒漠化不是简单的沙漠扩张的过程，而是很多块分散的土地逐渐退化并最终连接在一起，形成如同荒漠般的景象。所以荒漠化的成因既有"外敌入侵"，又有"内部蚕食"，一道密不透沙的铜墙铁壁虽然可以阻挡"外敌"，却拯救不了"内乱"。

全球有超过 2.5 亿人直接受到荒漠化的影响，10 亿人面临荒漠化的威胁，70% 以上的旱地处于荒漠化状态。如不加以干预，全球荒漠化的面积将以每年约 1200 万公顷的速度扩散，而这些土地如果种上粮食，足以为 3 亿人提供一年的口粮。

中国库布其沙漠的治理是全球的治沙样本，实现了从"沙进人退"到"绿进沙退"的历史性转变，为全球荒漠化治理提供了中国方案。我们坚信水利措施能在防治荒漠化和实现土地退化零增长的目标中发挥更大的作用！

常见的水利工程——护坡

水利工程中，护坡是保护河、湖、库岸以及坡面免受水流冲刷、侵蚀，确保河、湖、库岸稳定与安全的一项防护措施。

随着科技和工程实践的发展，以及人们对生态和美丽需求的不断提升，护坡的形式也日益多样化，以满足不同环境和工程需求。

尽管护坡的形式繁多，但总体上可以归纳为三大类别：工程护坡、植物护坡、工程与植物组合护坡。

一、工程护坡

（一）石质护坡

特点：采用天然岩石或人工石材进行修建，包括干砌石护坡、浆砌石护坡、石笼护坡、抛石护坡等。其结构简单、坚固耐用，具有抗冲刷、抗侵蚀能力强等优点。

应用：在水利工程中应用广泛，如堤防、河道治理等。

▲ 烽火山水库干砌石护坡

▲ 北河水库灌区主干渠浆砌石护坡

▲ 远安县五里河石笼护坡

▲ 远安县三板桥村砂厂抛石护坡

（二）混凝土护坡

特点：由混凝土、钢筋混凝土现场浇筑或预制混凝土构件拼装而成，必要时需加锚固定。此类护坡具有强度高、耐久性好、设计灵活、施工方便等优点。

应用：适用于各种地形和土质条件，特别是在需要高强度防护的场合，例如重要堤段或水流冲刷严重的区域。

▲ 高关灌区总干渠混凝土护坡

▲ 王英灌区总干渠混凝土护坡

▲ 北河水库灌区总干渠预制混凝土护坡

▲ 关山五支泵站预制混凝土护坡

二、植物护坡

植物护坡因植物的种植方式不同又可细分为人工植草护坡、草皮护坡、液压喷播植草护坡和灌草护坡等。

（一）人工植草护坡

特点：此类护坡通过人工在坡面撒播草籽，培育形成草皮，达到固土防冲的效果。此类护坡施工简单、造价低廉。

应用：适用于边坡坡度较缓、坡长较短且适宜草类生长的土质边坡。

▲ 青菱河某段植草护坡　　　　　　▲ 应城老县河某段植草护坡

（二）草皮护坡

特点：通过铺设人工或天然草皮，达到坡面防护、减少水土流失的效果。此类护坡造价较低、见效快，铺设后即可形成一定的防护效果。

应用：适用于附近草皮来源较容易、边坡高度不高且坡度较缓的各种土质及严重风化的岩层和成岩作用差的软岩层边坡防护工程。

▲ 某山塘草皮护坡　　　　　　　　▲ 某水库草皮护坡

（三）液压喷播植草护坡

特点：将草籽、肥料、黏着剂、土壤改良剂等按一定比例混合后，通过机械加压喷射至边坡。正常情况下，喷播一个月后坡面植物覆盖率可达70%以上，两个月后形成防护、绿化工程。此类护坡施工简单、速度快，草籽喷播均匀，发芽快而整齐。

应用：在国内液压喷播植草护坡在公路、铁路、城市建设等部门边坡防护与绿化工程中使用较多。

（四）灌草护坡

特点：采用灌木与草本植物种植结合，形成密集的植物覆盖层。此类护坡植被覆盖率高、防护效果好、生态效益明显，可与周围环境融为一体。

应用：适用于对景观性、防护效果和生态效益要求较高的边坡工程。

▲ 远安县九子溪灌草护坡（1）

▲ 远安县九子溪灌草护坡（2）

三、工程与植物组合护坡

工程与植物组合护坡种类繁多，也是新技术、新材料应用的重要领域，通过工程措施稳固、植物措施辅助，从而达到植被恢复、土壤改良的效果，提高河、湖、库岸生态系统的稳定性和自我修复能力。常见的有土工格植草护坡、混凝土网格植草护坡、预制砖／生态砖护坡、生态袋护坡等。

（一）土工格植草护坡

特点：在展开并固定在坡面上的土工格室内填充种植土，然后在其上挂三维植物网，均匀喷播草种进行绿化。土工格室具有一定的刚度和强度，能有效抵抗土壤侵蚀和滑坡，保持坡面稳定，排水性能好、生态美观、施工简便。

应用：适合于坡度较缓的泥岩、灰岩、砂岩等岩质边坡。

▲ 某山塘土工格植草护坡

▲ 某风景区土工格植草护坡

▲ 大冶湖泵站混凝土网格植草护坡

▲ 蕲春县龙泉庵小流域混凝土网格植草护坡

（二）混凝土网格植草护坡

特点：利用砖、石、混凝土砌块等材料形成网格状结构，在网格中栽植植物，形成工程与植物综合护坡。混凝土网格具有较高的强度和耐久性，能够有效支撑坡面土壤，结构稳定，但造价相对较高。

应用：适用于坡度较缓、对稳定性要求高的边坡防护工程。

（三）预制砖/生态砖护坡

特点：在修整好的边坡坡面上拼铺预制砖或生态砖，形成稳定的护坡结构后，在砖孔洞内铺填种植土，再栽种或撒播草籽。此类护坡生态美观、环境适应性强。

应用：适用于河道、湖泊、水库等堤坝的岸坡防护工程，以及城市绿化、园林景观等领域。

预制砖/生态砖能在预制场批量生产，受力结构合理，拼铺在边坡上能有效地分散坡面径流，减缓水流流速，防止坡面冲刷，保护植物生长，且施工简单、外观整齐，具有边坡防护、生态美观的双重效果。

▲ 泽口灌区－彭赵灌区预制砖护坡

▲ 某河道生态砖护坡

（四）生态袋护坡

特点：生态袋采用可降解的人造土工布等纤维材料制成，内部填充土壤或混合料后铺设在坡面上，植物在袋中生长，形成护坡结构。此类护坡透水抗冲刷、施工简便。

应用：适用于河道治理、水库加固、山体护坡、道路边坡治理等工程领域，特别适用于需要快速恢复植被、提高坡面稳定性和美观度的场合。

▲ 某河道边坡生态袋护坡（1）　　　▲ 某河道边坡生态袋护坡（2）

在实际工程中，要综合工程条件、环境因素、经济成本和需求来选择护坡类型，通常情况下可能采用一种或多种护坡形式，且先保障水利工程安全，再去兼顾其他功能。

管涌——让堤坝"后院起火"的罪魁祸首

更立西江石壁，截断巫山云雨，高峡出平湖。

——毛泽东《水调歌头·游泳》（节选）

堤坝是守护人类家园的坚固屏障，其重要性不言而喻。在雨季，拦河大坝能够蓄积多余的水量，减轻下游的防洪压力，而沿河堤防则能有效抵御洪水侵袭，保护沿岸居民的生命财产安全。在旱季，大坝后方的水库则能适时对储存的水资源进行合理利用与分配，保障农业生产的稳定进行。此外，大坝还常常与水电站相结合，为社会发展提供清洁绿色的能源。

然而，面对密不透风，如铜墙铁壁般的堤坝，狡猾的洪水却"另辟蹊径"，用一招"管涌"来暗度陈仓，让厚实的堤坝"后院起火"，自顾不暇。

一、什么是管涌？

管涌，也称为翻沙鼓水或泡泉，是水利工程中一种常见的渗透破坏现象。具体而言，管涌是指在水流（通常是渗流）的作用下，土体中的细颗粒（如粉土、砂土等）被水流带走，从而在土体内形成管状空洞的现象，通常发生在堤防、坝体等水利工程的背水坡面，会对水利工程的安全稳定构成严重威胁。

当堤坝后方的水位上升或偶遇几场连续的降雨时，深处的水感受到了前所未有的"压力"，渴望寻找更多的出路、更大的空间释放自己的能量。当这股水的压力遇到地质结构中的薄弱点时，就会形成通道，造成管涌。在管涌发生的过程中，随着水的流动，细小的土壤颗粒被冲刷、搬运，开始了自己的迁徙，逐渐为水流开辟了更加顺畅的道路。像是一条小溪逐渐变成了大河，从而加速了管涌的发展过程。

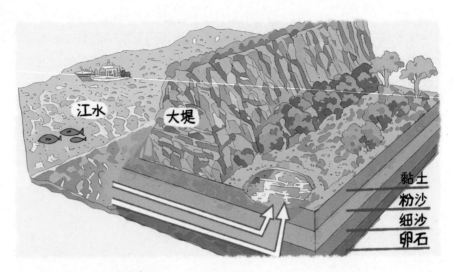

▲ 管涌发生原理示意图

二、管涌有哪些危害

管涌发生时，水面会有大的水花翻动，当上游水位升高，险情就会不断恶化，导致堤防、水闸地基土壤骨架破坏，孔道扩大，基土被掏空，最终可能引发建筑物塌陷、决堤、垮坝、倒闸等严重事故，对人们的生命财产安全构成巨大威胁。

三、如何尽早地发现管涌

要想提前发现管涌，离不开以下妙招：人工巡查、地质雷达、水压监测仪、土壤渗透性测试等。

（1）人工巡查：有经验的技术人员可以通过观察水面是否出现水花翻动、土壤表面是否出现隆起的沙环等现象初步判断是否出现管涌。

（2）地质雷达：如同大地的"X光机"，地质雷达能够穿透地表，揭示地下土壤和岩石的结构，帮助人们发现潜在的管涌通道。

（3）水压监测仪：实时监测地下水位的变化，一旦发现异常升高，便会立即发出警报，提醒人们管涌可能即将发生。

（4）土壤渗透性测试：通过测量土壤的渗透性，评估其抵抗地下水冲刷的能力，为及时发现管涌提供数据支持。

当我们在河畔或湖畔漫步时，不妨多留意一下，也许你就是提前发现管涌的那名"侦探"。

水

节约保护
CONSERVATION AND PROTECTION

- 节水也可以从"买买买"做起

- 聊聊不为人知的"虚拟水"

- 魔法之水造就蓝色奇迹

- 洪水与水质：从塞纳河的大肠杆菌说起

- 水利风景区你"打卡"过几个

- 千湖之省的"隐形守护者"

- "江湖规矩"你也懂吗

- 保护黄河大合唱

节水也可以从"买买买"做起

　　地球上的水看上去很多，但人类可使用的淡水资源却并不是取之不尽、用之不竭的，而是非常宝贵且无法替代的。日常生活中我们洗脸、洗衣、做饭等都离不开水，可用水资源的短缺和污染问题却日渐严重。为了人类社会的可持续发展，节约用水已经成为当今社会的共识，越来越多的人参与到了节约用水的行动中。

　　节约用水距离你我并不遥远，甚至可以从"买买买"做起。

　　下面的标识大家眼熟吗？这可不是家用电器上常见的能耗标识，而是中国水效标识，它的全称为"用水产品用水效率信息标识"，颜色为绿色。消费者可以通过扫码识别产品的节水性能，从而选择水效更高的产品。

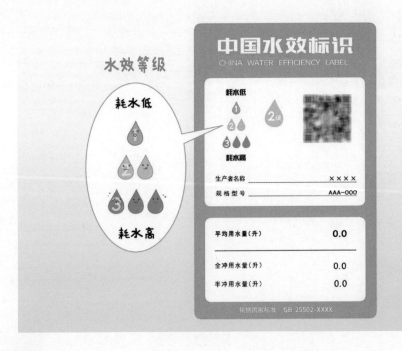

2018 年 3 月 1 日起施行的《水效标识管理办法》规定，凡列入《中华人民共和国实行水效标识的产品目录》的产品，应当在产品或者产品最小包装的明显部位标注水效标识，并在产品使用说明书中予以说明。截至 2023 年 11 月，国家已出台了四批目录，水效标识覆盖范围包括洗碗机、净水器、洗衣机、水嘴、坐便器、智能坐便器等生活用水产品。

水效标识的核心内容是水效等级，共分为三级：1 级为高效节水型器具；2 级为节水型器具；3 级属于市场准入的用水器具。温馨提示：有水效标识并不代表它是节水型器具！水效等级 2 级及以上的产品才是节水型器具。

是不是豁然开朗了？原来"买买买"也可以与国家节水行动相结合，我们在选择厨房和卫生间的"用水大户"产品时，可以选择更高效的节水型器具。

节水不是一件小事，重在人人参与。多年来，在国家、企业、消费者等多方努力下，全社会已逐渐形成了良好的节水氛围。

净水器

洗衣机

水嘴

坐便器

2024 年 3 月 9 日，国务院公布《节约用水条例》，自 2024 年 5 月 1 日起施行。这是我国首部节约用水行政法规，更加体现了"节水优先"的国家行动。企业也在不断地创新和规范节水产品。作为消费者，我们能做的也有很多，例如使用高效节水产品、增强节水意识、提高水资源利用效率等，这些都是推动节水型社会建设的有力举措。

"不积小流，无以成江海。"

我们节约的每一滴水都将汇集成"利在千秋"的滔滔江河。

聊聊不为人知的"虚拟水"

说到水，大家最先想到的是什么？是广阔的江河湖海、骤然的倾盆大雨，还是超市中琳琅满目的奶茶等饮料？

江河湖海

倾盆大雨

奶茶等饮料

这些看得见的水是可以触及并感受到的。可事实上，在我们每天穿的衣服、吃的饭、使用的电子产品中也包含着许许多多看不见的水，这些水被称作"虚拟水"。现在，我们就来揭开"虚拟水"的神秘面纱。

"虚拟水"是指在生产商品或服务的过程中所需要的水资源。它不是真实意义上的水，而是以"虚拟"的形式凝结在产品和服务中的不为人所看见的水，因此也被称为"嵌入水"或"外生水"。

举一个简单的例子，我们平常吃的一个苹果里面，水含量通常不会超过200ml（≈1盒牛奶），但是如果算上这个苹果的生长、采摘、包装、运输和交易的全周期的水资源消耗，那么这个苹果的"虚拟水"含量则高达70L（≈350盒牛奶）。而制造肉类的"虚拟水"消耗更多，1kg牛肉的"虚拟水"含量大约是20000L（≈100000盒牛奶），牛的生长、发育、屠宰、运输都要消耗大量的水。

再来聊聊我们穿衣的用水量。大家第一时间会想到每次洗衣服需要用水，但是却经常忽略衣服在生产过程中消耗的水资源。例如，生产一件棉质 T 恤，从种植棉花、制作纱线到织布、染色和制作成衣，每个步骤都需要水，一共需要消耗大约 2700L 水（≈ 13500 盒牛奶），相当于一个普通成年人将近两年半的饮水量！所以在你买到这件衣服时，其实就已经消耗了大量的水资源了。

此外，我们日常生活中使用的智能手机也是如此。你是不是觉得它的制作跟水毫无关联？实际上，一部智能手机的生产过程需要消耗约 11000L 水（≈ 55000 盒牛奶）！

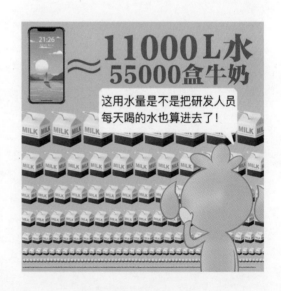

当然，这些只是很小的一部分产品，其实几乎所有产品都含有"虚拟水"。因此，我们在日常生活中想要做到节约用水，既可以从看得见的水入手，比如拧紧水龙头、喝水不浪费；还可以从看不见的水出发，减少"虚拟水"的消耗，比如吃饭时光盘行动、按需购买衣物、回收利用老旧电子产品等。

水是生命之源，美好的未来离不开我们每个人的努力。让我们携手共进，共同守护地球上最为宝贵的水资源。

魔法之水造就蓝色奇迹

　　地球这颗蓝色星球因丰富的水资源而充满生机。由湿地、河流、湖泊、海洋所构成的水生态系统是地球生命的重要组成部分，不断地为这颗星球输送生命的活力。今天，让我们一起走进这个神秘而迷人的水生态系统，探寻它是如何施展魔法维持地球生态的和谐与平衡的。

一、湿地的魔法：生物多样性的摇篮

　　湿地这个被誉为"地球之肾"的神奇地方，如同最温柔的调节器，既能够蓄洪防旱，又擅长净化水质，为无数生灵提供了生命的摇篮。每当雨季来临时，湿地便化身为慷慨的守护者，温柔地拥抱雨水，减轻河流与湖泊的压力，防止洪水肆虐。而在干旱季节，湿地又缓缓地释放这些珍贵的水资源，滋养周围的生物。更重要的是，湿地还是自然界中高效的"净水器"，可以通过复杂的生物和化学过程去除水体中的污染物，让清水再次循环于生态系统中，保障了水质的纯净与生态的平衡。在这里，芦苇轻摇、候鸟蹁跹，万物和谐共生，共同编织着一幅生动的生态画卷。每一块湿地都是一座生物宝库，保护它们，就是保护我们共同的家园。

二、河流的魔法：大地的蓝色血脉

河流是水生态系统中奔腾不息的蓝色血脉。河流多从高山之巅发源，穿越峡谷平原，最终汇入大海，沿途不仅滋养了广袤的土地，更孕育了丰富的生物多样性。河流以其强大的冲刷和搬运能力塑造了多样的地貌景观，从蜿蜒曲折的河谷到广袤的冲积平原，每一处都是鬼斧神工的杰作。同时，河流也是生物迁徙的重要通道，无数鱼类、鸟类及其他水生生物依赖河流完成生命循环中的迁徙与繁衍。此外，河流还承载着人类文明的发展，如灌溉农田、提供水源、促进交通等，是人类社会不可或缺的宝贵资源。

三、湖泊的魔法：璀璨的蓝色宝石

湖泊就像是镶嵌在地球表面的璀璨的蓝色宝石。湖泊是天然的蓄水池，能够调节周边地区的气候，从而减少温差，为生物提供稳定的生活环境。在湖泊中，水生植物繁茂生长，为鱼类、贝类等提供了丰富的食物来源和栖息地。同时，湖泊也是许多候鸟的越冬地或繁殖地，它们在这里繁衍生息，构成了湖泊生态系统中不可或缺的一环。此外，湖泊还承载着丰富的文化底蕴，许多古老的传说与故事都与湖泊紧密相连，比如西湖的白娘子传说、青海湖与文成公主眼泪的传说、贝加尔湖水怪传说等，这些传说与故事成了人类文化中不可或缺的一部分。

四、海洋的魔法：物质循环的不竭动力

　　海洋更像是地球母亲的蓝色心脏。海洋广袤无垠，如同地球表面的巨大调节器，通过其独特的循环机制调节着全球气候。在炎热的夏季，海洋吸收并储存大量的太阳辐射；而在寒冷的冬季，它又释放出这些热量，给予陆地温暖。此外，海洋还扮演着地球"碳汇"的重要角色，不断吸收着大气中的二氧化碳，释放氧气，维持着地球的气候平衡。海洋孕育了数以亿计的生物，从微小的浮游生物到庞大的蓝鲸，构成了地球上最为复杂和丰富的生态系统，也见证了从简单到复杂的生物进化奇迹。

五、保护水资源：守护地球的魔法源泉

水生态系统是维持地球生态平衡的关键。保护水资源需要我们共同行动起来。

（1）立法护水：让法律成为水生态系统的守护神，确保水生态系统的完整性。

（2）生态修复：唤醒沉睡的湿地，建设幸福河湖，守护海洋健康，维护生物多样性和生态平衡，实现水清鱼跃、飞鸟翔集的美好愿望。

（3）净化污染：加大工业废水、农业面源污染和城市生活污水的治理力度，确保水质安全，守护生命的源头。

（4）节约用水：推动农业节水增效、工业节水减排、城镇节水降损，让每一滴水都发挥其最大价值。

（5）共同参与：我们每个人都能成为水生态系统的保护者，洗澡时关闭喷头搓洗身体，可以节省大量水资源；收集雨水用来浇花或冲洗厕所，既环保又经济；选择节水型家电产品，也能为保护水资源贡献一份力量。

自从有了水，地球上就充满了奇迹，让我们携手同行，在这场保护水资源的魔法之旅中为地球的美好明天贡献我们的力量。

洪水与水质：从塞纳河的大肠杆菌说起

在巴黎的心脏地带，流淌着一条被誉为"法国灵魂"的河流——塞纳河。它不仅是巴黎的生命线，承载着这座浪漫之都的历史与文化，更是无数游客心中的梦幻之地。然而，2024年巴黎奥运会举办前夕，承担部分公开水域游泳赛事重任的塞纳河却被曝出部分河段的大肠杆菌和肠球菌含量超标，水质问题引起了广泛关注。而这一切，与洪水有着千丝万缕的联系。

大肠杆菌是一种广泛存在于人与动物肠道中的微生物，正常情况下不会大量出现在清洁的自然水体中。它们的出现，往往意味着水体已经受到了粪便等有机污染物的污染，这些污染物可能来自洪水带来的城市下水道污水、农业牲畜粪便或是其他未经处理的废水。

除大肠杆菌外，洪水还会从以下各方面对水质造成影响。

（1）污染物排放增加。洪水往往携带大量泥沙、有机物、化学物质甚至病原体（如细菌、病毒和寄生虫）等污染物，这些污染物会随着水流扩散到其他更广泛的区域，严重污染地表水和地下水。

（2）水体自净能力下降。洪水使得河流、湖泊的水体流速加快，稀释能力减弱，导致自净能力降低，难以降解污染物。

（3）底泥污染释放。洪水冲刷河床时，使底泥中的污染物重新悬浮，进入水体，加重水质污染。

（4）水源地污染。洪水可能直接冲击或淹没饮用水源地，如水库、水井等，导致水源地受到污染，威胁居民饮水安全。

（5）生态环境破坏。洪水会对植被、土壤等水生动植物的栖息地造成直接破坏，影响水生生物生存与繁衍，进而影响整个生态系统的平衡。

因此，在洪水发生后，为了保护身体健康，我们应尽量避免食用任何与洪水有直接接触的食物。同时，面对洪水带来的水质污染风险，我们需要采取一系列有效的应对措施，具体如下。

（1）加强监测预警。密切关注洪水发展趋势，加大水质监测力度，及时发现和应对水质变化。

（2）源头治理。减少污染物排放，加强农业面源污染控制，提高工业废水处理标准，确保城市排水系统有效运行，减少污水直排。

（3）应急处理。在洪水过后，迅速组织力量清理河道、湖泊等水域的污染物，采用物理、化学或生物方法净化水质，恢复生态系统功能。

（4）安全饮水保障。加强饮用水源地的保护，建立应急供水机制，确保洪水期间及灾后居民的饮水安全。

塞纳河大肠杆菌超标的问题不仅是对巴黎奥运会的考验，也是对水资源保护工作的警示。这不仅需要政府和相关部门的全力配合，也要求我们在日常生活中做到不乱丢垃圾、不随意向河湖倾倒生活污水，从身边一点一滴做起，减轻对水质的影响，从而守护好我们的蓝色星球。

水利风景区你"打卡"过几个

说起"水利风景区"这个词，大家或许有些陌生，但说起红旗渠、秦淮河，大家就耳熟能详了。红旗渠像一条玉带缠绕在太行山间，被誉为"人工天河"，也是国内最具人文特色的国家水利风景区之一。秦淮河作为南京的母亲河，是文化荟萃、见证历史之地，也具有防洪排涝等重要水利功能，并被列为了国家水利风景区。

▲ 林州市红旗渠水利风景区

▲ 南京市外秦淮河水利风景区

水利风景区是以水利设施、水域及其岸线为依托，具有一定规模和质量的水利风景资源与环境条件，通过生态、文化、服务和安全设施建设，开展科普、文化、教育等活动或者供人们休闲游憩的区域。水利风景区分为水库型水利风景区、湿地型水利风景区、自然河湖型水利风景区、城市河湖型水利风景区、灌区型水利风景区、水土保持型水利风景区六类，如武汉市江滩水利风景区属于城市河湖型水利风景区、都江堰水利风景区属于灌区型水利风景区、宜昌百里荒水利风景区属于水土保持型水利风景区。

自古人们就喜欢依水而居、择水而憩、乐水而游，从水利工程到水利风景区再到高质量水利风景区，这不仅仅只是水利和风景的简单相加，更是千百年来人水和谐的持续融合发展。

一个个特色鲜明的水利风景区宛如闪耀的明珠洒落在华夏大地上，在维护水利工程安全、涵养水源、水资源开发利用、保护生态、改善人居环境、促进区域经济发展等方面都发挥着重要的作用。

▲ 武汉市江滩水利风景区：两江四岸，见证"水患"变"水利"的城市风景线。

▲ 都江堰水利风景区：年代最久、唯一留存、以无坝引水为特征的宏大水利工程，两千多年来一直发挥着防洪灌溉的作用。

▲ 宜昌百里荒水利风景区：百里荒因古代方圆百里、荒无人烟而得名，现有"三峡高山草原"之美誉。

▲ 兰考黄河水利风景区：兰考段是九曲黄河最后一个大拐弯处，奔腾咆哮的黄河和林茂粮丰的平原构成了胜景。

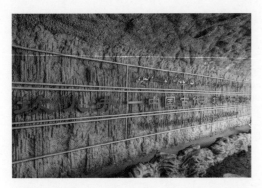

▲ 吐鲁番坎儿井水利风景区：坎儿井是荒漠地区特殊的灌溉系统，与万里长城、京杭大运河并称为"中国古代三项伟大工程"。

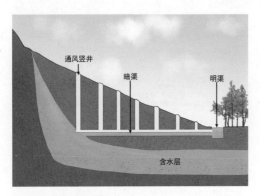

▲ 坎儿井原理图。

要想进入水利风景区的名单可不是那么容易的。2004年水利部印发了《水利风景区管理办法》，2022年对该办法进行了修订；2013年水利部颁发了《水利风景区评价标准》（SL 300—2013），在此基础上，2023年又颁发了《水利风景区评价规范》（SL/T 300—2023）。新标准更加强调水利风景区的水利特色，更加注重水文化的保护、传承和弘扬，更加凸显水利风景区的社会服务功能。满足《水利风景区评价规范》且符合相应条件的，可以申报国家水利风景区或者省级水利风景区。

"十四五"期间，我国将新建100家以上国家水利风景区，推广50家高质量水利风景区典型案例，到2025年年末我国的国家水利风景区将超过1000家。

期待在更多高颜值、高品质的水利风景区里有你"打卡"的身影，"打卡"时可别忘了在这绝美风光下的可是一座座可以兴利除害的水利工程。

千湖之省的"隐形守护者"

污沟贮浊水，水上叶田田。

我来一长叹，知是东溪莲。

下有青污泥，馨香无复全。

上有红尘扑，颜色不得鲜。

——唐·白居易《京兆府栽莲》（节选）

唐代诗人白居易在去京兆府办事的路上，看到了浊水中的莲花，发现污泥发出的臭味把莲花散发出的馨香遮盖得一点不剩，莲花因为沾有尘土，其颜色也暗淡了下来。

污水使原本美丽的莲花不仅丧失了清香，也没了应有的姿色。由此看来，水环境保护从古至今都是一个难题。

湖北省位于长江中下游，素有"千湖之省"的美誉，作为南水北调中线工程水源区和三峡坝区所在地，肩负着"一库净水北送，一江清水东流"的特殊使命。近年来，湖北省的湖泊水环境持续向好，千湖之省的"隐形守护者"——《湖北省湖泊保护条例》功不可没。

2012年5月30日，《湖北省湖泊保护条例》（以下简称《条例》）在湖北省第十一届人民代表大会常务委员会第三十次会议通过，并在2021年9月29日经湖北省第十三届人民代表大会常务委员会第二十六次会议进行了修正。

《条例》共有九章内容，其制定是"为了加强湖泊保护，防止湖泊面积减少和水质污染，保障湖泊功能，保护和改善湖泊生态环境，促进经济社会可持续发展"。

近年来，湖北省的湖泊水环境持续向好，千湖之省的"隐形守护者"功不可没！

湖北省湖泊保护条例

目　录

第一章　总则
第二章　政府职责
第三章　湖泊保护规划与保护范围
第四章　湖泊水资源保护
第五章　湖泊水污染防治
第六章　湖泊生态保护和修复
第七章　湖泊保护监督和公众参与
第八章　法律责任
第九章　附则

一、湖泊保护，政府部门来主导

《条例》一开头就对政府、行政部门的职责做了说明。在第二章中，规定"湖泊保护实行政府行政首长负责制。上级人民政府对下级人民政府湖泊保护工作实行年度目标考核，考核目标包括湖泊数量、面（容）积、水质、功能、水污染防治、生态等内容"，同时，"湖泊保护年度目标考核结果应当作为当地人民政府主要负责人、分管负责人和部门负责人任职、奖惩的重要依据"。

《条例》还明确了由县级以上人民政府水行政主管部门主管本行政区域内

的湖泊保护工作，并以列举形式分别规定了水行政、环境保护、农（渔）业、林业等主要相关部门的职责，有效避免"九龙治水"，杜绝各部门之间互相推诿。

二、爱湖护湖，公众参与不可少

《条例》设立专章，在引导公众参与方面下了大功夫，对湖泊保护监督和公众参与做了具体规定，要求省人民政府应当定期发布湖泊保护情况白皮书，对护湖不力的市、县、区人民政府主要负责人实行约谈；县级以上人民政府及其相关部门应当定期发布湖泊保护的相关信息，保障公众知情权。《条例》还规定，湖泊保护名录要向社会公布；县级以上人民政府生态环境主管部门应当定期向社会公布本行政区域湖泊水环境质量监测信息；县级以上人民政府及其相关部门编制湖泊保护规划、湖泊水污染防治规划、湖泊生态修复方案和审批沿湖周边建设项目环境影响评价文件，应当采取多种形式征求公众的意见和建议，接受公众监督。

《条例》还规定鼓励社会各界、非政府组织、湖泊保护志愿者参与湖泊保护、管理和监督工作，建立、完善湖泊保护的举报和奖励制度。正所谓"河湖安澜，人人有责"！

湖泊保护并非一日之功，而是一个漫长的攻坚战，愿你我一起努力，与《湖北省湖泊保护条例》一起，共同守护"千湖之省"的万顷波光。

"江湖规矩" 你也懂吗

一、消失的"它"发出"无鱼"的警告

过去几十年，大量的报道和报告显示，长江流域生态环境遭到了严重破坏，导致白鱀豚、白鲟、鲥鱼功能性灭绝，中华鲟、长江鲟、长江江豚极度濒危，珍稀特有物种资源全面衰退，经济鱼类资源接近枯竭，生物完整性指数也到了最差的"无鱼"等级。

▲ 白鱀豚，一种小型淡水鲸，2007 年被公布功能性灭绝。

二、"江湖规矩"问世

人类有责任保护珍稀的水生动物，修复被破坏的长江生态系统，使我们的母亲河永葆生机活力。

《中华人民共和国长江保护法》(以下简称《长江保护法》)于2020年12月26日在第十三届全国人民代表大会常务委员会第二十四次会议通过，自2021年3月1日起施行。

《长江保护法》旨在加强长江流域生态环境保护和修复，促进资源合理高效利用，保障生态安全，实现人与自然和谐共生、中华民族永续发展。

(一)《长江保护法》的八大关键词

关键词一：流域法——我国第一部流域专门法律。

关键词二：水生生物——减少对重要水生生物的干扰。

关键词三：禁渔——一系列举措破解长江"无鱼"之困。

关键词四：控制采砂——依法划定禁止采砂区和禁止采砂期。

关键词五：防洪——推进堤防和蓄滞洪区的建设。

关键词六：污染防治——明确长江流域控制总磷排放。

关键词七：提升水质——干流首次全面达到Ⅱ类水质。

关键词八：修复——生态修复要把资金用在该用的地方。

（二）《长江保护法》的四大举措

一是做好统筹协调、系统保护的顶层设计。《长江保护法》规定国家建立长江流域协调机制，统一指导、统筹协调、整体推进长江保护工作。

二是坚持把保护和修复长江流域生态环境放在压倒性位置。《长江保护法》制定了更高的保护标准、更严格的保护措施，加强山水林田湖草整体保护、系统修复。

三是突出共抓大保护、不搞大开发。《长江保护法》准确把握生态环境保护和经济发展的辩证统一关系，设立了"规划与管控"一章。

四是坚持责任导向、加大处罚力度。《长江保护法》规定实行责任制和考核评价制度，建立长江保护约谈制度，国务院定期向全国人大常委会报告长江保护工作；坚持问题导向，针对长江禁渔、岸线保护、非法采砂等重点问题，补充和细化有关规定，并大幅提高罚款额度，增加处罚方式。

三、了不起的"江湖规矩"

《长江保护法》是我国首部流域法律，是中国特色社会主义法治建设的重大实践，也是长江流域保护和治理发展史上的一座里程碑。

除了"首部"和"法律层次"的光环，《长江保护法》还有一个亮点就是明确了长江流域的法律属性。法律意义上的长江流域不仅指自然地理边界属性，还包括政治、经济、社会、文化等多种属性。这种创新的界定方式，既超越了传统立法将流域界定为"水系空间"的局限，又呈现了流域资源、生态、环境"一体三面"的特性。

《长江保护法》突出强调了长江保护的系统性、整体性和协同性，超越了部门和行业的限制，突破了行政区划界限，有效推进了长江上下游、左右岸、干支流以及江河湖库的协同治理。

四、"江湖规矩"带来的改变

随着一些小水电站被拆除，长江主要支流基本恢复了自然连通，鱼儿也能够在河里畅游；2018 年长江鲟野生种群已基本灭绝，2023 年年底人工养殖的长江鲟首次在天然水域实现产卵，期待某一天，长江鲟能恢复如初。

过去的"船老大"变成了现在的护江人，渔民有了新职业，生活有了新期待；曾经的工业老码头也旧貌换新颜，变成了生态公园，生态治理真正造福于民。

保护黄河大合唱

"风在吼，马在叫，黄河在咆哮，黄河在咆哮……保卫家乡！保卫黄河！保卫华北！保卫全中国！"这首创作于1939年的《黄河大合唱》展现了中华民族坚强不屈的精神。而在和平发展的今天，我们来看看法律版的"保护黄河大合唱"又是怎样的旋律。

一、法律版的"保护黄河大合唱"

《中华人民共和国黄河保护法》（以下简称《黄河保护法》）是我国的第二部流域法律，是全面推进国家"江河战略"法治化的标志性立法。《黄河保护法》作为一部针对黄河流域的基础性、综合性和统领性的专门法律，称之为"保护黄河大合唱"可谓名副其实。

二、把保护黄河的心聚在一起

黄河是中华文明最主要的发源地之一，承载着中华儿女抵御大灾大难的历史。从大禹治水开始，中华儿女就同黄河同呼吸、齐命运、共患难，前赴后继地在黄河治理史上书写着宏伟篇章。

黄河一直"体弱多病"，既有先天不足的客观因素，也有后天失调的人为因素。生态环境脆弱、水资源自然禀赋条件差、水沙关系不协调等问题在中国乃至世界河流中都极具特殊性。面对"体弱多病"的母亲河，中华儿女怎会忘记它的哺育深情。保护黄河是中华儿女的责任与使命，更是事关中华民族的千秋大计。

黄河流域最大的矛盾是水资源短缺、最大的问题是生态脆弱、最大的威胁是洪水、最大的短板是高质量发展不充分、最大的弱项是民生发展不足。五"最"问题的表象在黄河，根子在流域，相互交织。

面对这样的状况，《黄河保护法》应运而生。它坚持全流域一盘棋，从战略角度综合施策，统筹发展与安全、保护与治理的关系，协调全局与局部、流域与区域的矛盾，处理好当下与长远的关系，从法治角度系统解决问题。

"保护黄河大合唱"，把各参与者的力量有序地组织在一起，把保护黄河的心聚在一起，相互配合，发挥出更广泛的影响力。

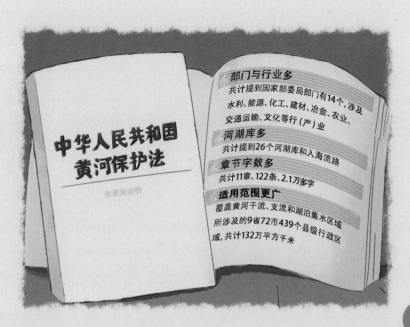

中华人民共和国黄河保护法

含草案说明

部门与行业多
共计提到国家部委局部门有14个，涉及水利、能源、化工、建材、冶金、交通运输、文化等行（产）业

河湖库多
共计提到26个河湖库和入海流路

章节字数多
共计11章、122条、2.1万多字

适用范围更广
覆盖黄河干流、支流和湖泊集水区域所涉及的9省72市439个县级行政区域，共计132万平方千米

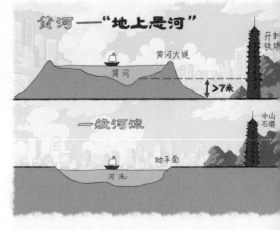

三、和谐美好的大合唱

《黄河保护法》旨在加强黄河流域生态环境保护，保障黄河安澜，推进水资源节约集约利用，推动高质量发展，保护传承弘扬黄河文化，实现人与自然和谐共生、中华民族永续发展。它具有以下时代亮点。

（一）坚持党的领导原则

黄河流域生态保护和高质量发展坚持中国共产党的领导，落实重在保护、要在治理的要求，加强污染防治，贯彻生态优先、绿色发展，量水而行、节水为重，因地制宜、分类施策，统筹谋划、协同推进的原则。

（二）突出问题导向

《黄河保护法》坚持问题导向，如水资源刚性约束制度、完善水沙调控体系、节约用水及对"三区一廊道"特定区域规定的生态保护修复相关制度等，都是针对黄河问题为黄河量身打造的法律制度。

"九曲黄河万里沙"，水沙调节是黄河治理的"牛鼻子"。黄河之"黄"，实为泥沙，黄河是世界上含沙量最多的河流。古籍有载："黄河斗水，泥居其七。"黄河中段流经黄土高原，因此夹带了大量泥沙，泥沙积累使下游河床抬高，形成"地上悬河"的景象，加重了下游的防洪压力。民间甚至一度流传着"黄河泛滥两千载，淹没开封几座城"的说法。

《黄河保护法》牢牢抓住了黄河流域水少沙多、水沙关系不协调的特殊症结展开制度设计。为有效解决"缺水"矛盾，着力构建水资源节约集约利用法律制度体系；为解决"水沙关系不协调"这个导致生态系统脆弱大问题、洪水泛滥大威胁的根源，打出了"水沙调控"和"防洪安全"的组合拳。

（三）大力弘扬黄河文化

《黄河保护法》专设第八章规定了保护传承弘扬黄河文化的具体举措，这些举措在涉及资源环境的法律中是一项创新，推进黄河文化的保护、传承、弘扬。

通过建设"一廊引领、七区联动、八带支撑"的黄河国家文化公园等多种形式，讲好"黄河故事"，传承中华文明。

第三次全国文物普查数据显示
黄河流域仅不可移动文物就达**30**余万处
占全国的**39.73%**

仰韶文化彩陶鱼纹盆　　仰韶文化彩陶双耳壶

▲ 仰韶文化是黄河中游地区重要的新石器时代彩陶文化，其持续时间大约在公元前 5000 年至公元前 3000 年，持续时长 2000 年左右。

四、为什么"保护黄河大合唱"更具感染力

《黄河保护法》的诞生和实施打破了保护黄河的时空限制。在千年治黄的主战场河南省段出现了"智能石头"，它由信息处理微型智能芯片和电池两部分组成，将它放在石堆里连上传感器，就成为大坝上的一个小小"侦察员"。相隔千余千米，黄河源头的青海省与入海口的山东省成功"牵手"，签订《推进黄河流域生态保护和高质量发展战略合作协议》，实现黄河源头与入海口生态环境监测数据实时共享。一些法院探索建设黄河生态城人民法庭，敲响保护黄河的"司法之槌"。

保护黄河不再是简单的旋律，越来越多的人唱起"保护黄河大合唱"，抒发着更加丰富、立体、多彩的对黄河的敬畏与依恋之情。

水 动物植物
ANIMALS AND PLANTS

- 一个号称"破坏专家"的建筑高手

- 白蚁的种类、分布、危害与用处

- "破坏军团"从何而来

- 探测堤坝白蚁巢穴的方法

- 湖泊水生植物知多少

- 从仁爱礁的军舰说说人类活动对珊瑚礁的影响

一个号称"破坏专家"的建筑高手

"千里之堤，溃于蚁穴"是对这个"破坏专家"的评价。这里的"蚁穴"是指白蚁的巢穴，而非蚂蚁的巢穴。白蚁是蜚蠊目昆虫，最早的白蚁出现于2.5亿年前的二叠纪。而蚂蚁所属的膜翅目直到侏罗纪时才出现。

白 蚁

蚂 蚁

触角念珠状，每节均匀	触角膝状，第一节很长
腹基粗壮（水桶腰）	腹基瘦细（杨柳腰）
腹部占体长约1/2	腹部占体长约1/3
前后翅等长	前翅长于后翅
躯体柔软，表皮薄嫩	表皮硬化，体外有硬壳

白蚁虽然个头和蚂蚁差不多，但却是蟑螂的近亲，根据最新的研究，有科学家认为白蚁是具有"真社会性的蟑螂"。

所谓"真社会性"，是指具有高度社会化的组织，在白蚁的巢群中生活着数以万计甚至是千万计的个体，它们各自有着明确的分工并且合作起来井然有序。

一个白蚁的巢群始于蚁后，它身体庞大，无法移动，主要工作就是产卵。在第一批卵孵化之前，它要忍受孤独、饥饿，还要产卵和哺育。待第一批工蚁上岗后，蚁后的日子才相对好过一点儿，因为工作有了分工，自己只用一门心思地产卵就可以了。一只蚁后24小时产的卵可高达1万粒。在庞大的白蚁家族中，有负责产卵的繁殖蚁，包括蚁后、蚁王等；有负责干活的工蚁，每天忙着筑巢、捕食、哺育……总是有干不完的活、加不完的班；有只负责打仗的兵蚁，保护巢群免受外敌入侵等。

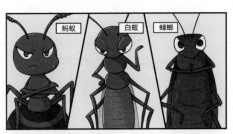

有翅成虫

"白蚁分飞"是有翅成虫建立自己独立王国的名场面。每年4月至7月，会有大量的白蚁聚集在一起集体相亲，这场大型相亲会成功概率很高。一对配对成功的白蚁，会从空中降落到地面，开始建立它们的白蚁帝国，成为新的蚁王、蚁后。

说到白蚁的破坏力，可谓是"所到之处，千疮百孔"，着实让人抓狂。白蚁吃素，主要吃活的植物体、干枯植物和其他含有纤维素的物体，兼食真菌类的菌体和酵素。白蚁对房屋建筑、树木、堤坝、农作物、书籍等都具有极大的危害性。在热带地区，一些土著居民不得不频繁盖房子，因为在白蚁肆虐区，再结实的房子都会沦为白蚁的一顿顿大餐。

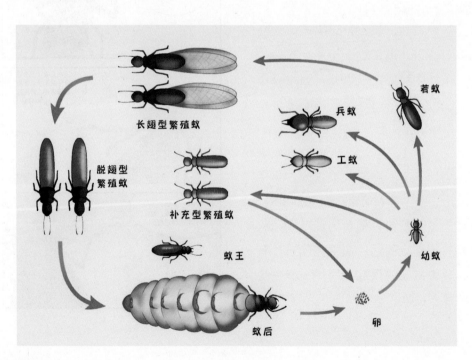

除了特殊的饮食习惯外，白蚁的破坏性主打一个"蚁多力量大""蚁心齐、泰山移"。人类对白蚁的破坏力弄得焦头烂额的同时，也被它们的建筑能力所折服。

作为白蚁的巢穴，白蚁丘不但是罕见的巨型建筑，更是低碳的环保建筑，可谓是冬暖夏凉且自带新风系统。白蚁群生活在地下，会产生大量的热空气，热空气上升后从中央"烟囱"排出，冷空气从旁边的通风口进入，实现了洞穴内的气体循环。

受到白蚁丘的启发，津巴布韦首都哈拉雷建造了以白蚁丘为仿生蓝本的东门中心。整个建筑不使用空调，却能够达到一定程度的恒温和气体交换的效果。

除了东门中心，澳大利亚的墨尔本新市政厅、英国伦敦的一家设计事务所、马耳他的一家啤酒厂等建筑都融入了白蚁丘的设计理念。号称"破坏专家"的白蚁居然打造了超越人类想象的超级建筑。

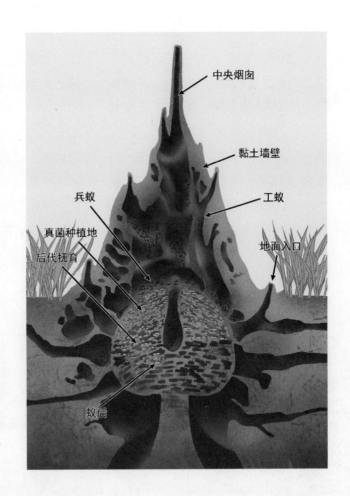

中央烟囱
黏土墙壁
兵蚁
工蚁
真菌种植地
地面入口
后代抚育
蚁后

白蚁的种类、分布、危害与用处

一、白蚁的种类和分布

从进化史来看，白蚁曾和恐龙在同一时期漫步地球，是地球上比较古老的社会性昆虫之一，距今已有约2亿年的历史。

白蚁在世界上的分布面积约占全球陆地总面积的一半。白蚁在全球的分布范围大致在北纬45°至南纬45°，欧洲、亚洲、非洲、大洋洲、美洲都有白蚁分布，且纬度越低，白蚁种类越多。全世界目前已知白蚁种类大约3000种，隶属于澳白蚁科、齿白蚁科、原白蚁科、草白蚁科、木白蚁科、鼻白蚁科和白蚁科。其中，白蚁科236属近2000种，该科属土栖性白蚁，在地下或土垅中筑巢，是进化程度较高的高等白蚁。

在我国发现了400多种白蚁，隶属于原白蚁科、木白蚁科、鼻白蚁科和白蚁科，除新疆维吾尔自治区、青海省、宁夏回族自治区、内蒙古自治区和黑龙江省外，其余各省（市、自治区）都有白蚁分布。长江以南的地区，白蚁种类多、密度大，南岭以南的湿热地区是白蚁危害的猖獗区。

二、白蚁的危害

白蚁被国际昆虫生理生态研究中心列为世界五大害虫之一。因为白蚁会对房屋建筑、家具衣物、仓储物资、水库堤坝、农林果蔬、图书档案、电线电缆等造成隐蔽、广泛和严重的危害。这里着重介绍我国的两种代表性白蚁。

一是黑翅土白蚁，隶属白蚁科土白蚁属。它们在地下修筑大型蚁巢，成熟蚁巢由主巢和多个菌圃组成。黑翅土白蚁是威胁河道堤防和水库大坝的主要种类，占水利工程蚁害的95%以上。

据《荆江堤防志》记载，1954年长江发生特大洪水时，荆江大堤出现了5493个漏洞和162处跌窝（指汛期堤身或外滩发生局部塌洞），其中最大跌窝直径达2m，深度达2.5m，洞内最多可容5人站立。经汛后翻筑证明，1954年的重大溃口性险情大都为白蚁危害所致。

据统计，1950—1990年的40年间，荆江大堤共发生各类险情6150处，其中蚁患就达2554处，约占险情总数的41.5%。1996年、1998年、2003年长江遭遇特大洪灾时，出现的管涌、渗漏和滑坡等险情大部分都与黑翅土白蚁有着直接关系。

二是台湾乳白蚁（又称"家白蚁"），隶属鼻白蚁科乳白蚁属，它们在地下、地上、树木或者室内筑巢，蚁巢由土粒、白蚁粪便和唾液粘合而成，会危害建筑物木结构、林木、埋地的电缆等，造成房屋倒塌，树木空心、倒伏甚至死亡，电力或通信中断。

据报道，一位六旬老太用塑料袋装好40万元现金，放于家里木柜中，半年后，白蚁黏液完全裹住袋子，没有一张纸币是完好的。

第二次世界大战期间，一位犹太教师曾在上海虹口区提篮桥地区避难多年，1943年临走前，把数千册珍贵图书委托给一位林先生保管，随后的七十年间，啃食书册的白蚁成了林家三代的"心病"。

研究白蚁近40年的昆虫学家莫建初说，白蚁可上天，啃食过广州珠江旁的45层高楼；可入地，2001年，肇庆供电局挖掘电缆时发现，1940m的电缆，每隔20m就有白蚁巢，电缆外护套受到严重破坏。在钱塘江开源县，白蚁在"阿难尊者"（释迦牟尼佛的十大弟子之一）的根雕上造路。在湖南长沙，白蚁更是通过"挖地道"的方式潜入了马王堆汉墓墓坑下方。

三、白蚁的有用之处

白蚁并非一无是处。白蚁是自然界生态系统中名副其实的"清道夫",半年可消化约 130 亿吨植物纤维素,热带生态系统中 50% 以上的枯枝落叶和废弃树桩、树根等都被它们分解并转化为养分返回到土壤。另外,白蚁还具有很好的食用和药用价值。我国云南西双版纳的少数民族至今仍有食用大白蚁有翅成虫者。澳大利亚、印度等国家将白蚁列为上品食物。经测定,白蚁含有多种氨基酸,还含有钙元素、铁元素和多种维生素。目前市场上已经出现了白蚁酒、白蚁茶、白蚁胶囊等多种产品。

"破坏军团"从何而来

堤坝是守护家园的安全防线，但在这坚固的堤坝里，却隐藏着不容小觑的"破坏军团"——土栖白蚁。

堤坝大都临水而建，表面种有草皮，护地种有树木，填筑材料多为优质土壤或土石混合物，这种"既好看又好吃"的组合深得白蚁喜爱。

人们漫步于坝上，陶醉于"日出江花红胜火，春来江水绿如蓝"的景象时，很难想象脚下的堤坝可能已被白蚁占领，它们忙碌地构筑着自己的王国，四通八达的蚁道正逐渐侵蚀着坚固的堤坝，使它变得脆弱不堪……

这些体小、量多、破坏力强的"军团"到底从何而来，又是如何进入堤坝的？

一、坝基内的遗留隐患

在建造堤坝之前，没有清除基土中的白蚁巢穴，从而留下隐患。俗话说："基础打得牢，大厦才能建得高。"对于坝基的处理，人们关注更多的是它的稳定性和防渗效果，但其实清除蚁患也不容忽视。

二、加高培厚招致

有些堤坝在加高培厚施工过程中，没有对土料场中的土料进行白蚁检测和灭治，导致土料中的白蚁带入坝体，从而招致蚁患。

三、蚁源区白蚁蔓延侵入

即使我们在建设环节做好了坝基处理、土料处理，确保了堤坝的"纯净"，但如此"美丽的作品"屹立在群山峻岭中，很难不被附近的白蚁惦记。山坡上枯萎的树木、竹根和杂草常常吸引白蚁滋生繁衍，白蚁需要不断地寻找食物和水源，堤坝就成了它们的不二之选。

有资料记载，黑翅土白蚁的工蚁取食活动范围可达距巢150m，黄翅大白蚁取食活动范围可达距巢35m。

四、蚁源区白蚁分飞侵入

如果说第三种蔓延方式只是白蚁自我勤奋的小步快跑，那分飞期的白蚁则是搭乘了"远程武器"，白蚁顺风飞翔的距离甚至可达千米。夜晚堤坝上的灯光犹如磁石一般，吸引着成群结队的有翅成虫飞向堤坝，建立新的领地，这也是白蚁蔓延最为重要的方式之一。

⊗ 在堤坝上堆放木材

五、其他不当行为招致

在堤坝上堆放木材、建造猪舍、坟墓等不当行为，以及种植白蚁喜食的树木等，都可能人为地招致白蚁危害。

⊗ 在堤坝上建造猪舍、坟墓

白蚁用其超强的繁殖力、蔓延力和破坏力诠释了何为"苦干惊天动地事"，所以水利科技工作者们更加不敢松懈，正积极研发针对白蚁的探测和防治技术，以用更加绿色、更加智能的手段来防治白蚁。

⊗ 在堤坝上种植白蚁喜食的树木

探测堤坝白蚁巢穴的方法

在堤坝里，有一群不请自来的"神秘客人"——白蚁。这些小家伙们擅长隐身术，它们的巢穴很隐蔽，让人难以察觉。但别急，我们自有妙招，一起来看看如何探测白蚁巢穴。

一、地面观察法

白蚁在地面上留下的"签名"可不少，比如那些奇特的泥被、泥线和分飞孔（俗称羽化孔、移植孔、分群孔）。这些痕迹就像是小偷留下的脚印，只要细心观察，就能找到它们的蛛丝马迹。

（1）泥被和泥线：工蚁外出去地面取食时，用从堤坝里搬出的泥土加上唾液精心加工制作成约1mm厚的薄层泥覆盖在取食对象和活动路径上，根据其形状，片状称为"泥被"，条状和线状称为"泥线"。

泥被

（2）分飞孔：分飞孔是指白蚁成年群体中的有翅成虫，从堤坝内爬到地面表层飞出所经过的孔。不同种类白蚁的分飞孔外露地面的形状不同，其中，黑翅土白蚁的分飞孔外部特征通常为圆锥状，将其横切开，其结构呈底平上凹的半月形。

（3）真菌指示物：到了梅雨季节，白蚁的家门口可能会长出一些奇特的真菌，如鸡枞菌。这就像是在地面上找到了一个X标记，沿着这个标记挖下去，大概率会找到蚁巢！

二、引诱发现法

（1）设置诱杀坑或诱捕箱：在堤坝的关键位置，如白蚁活动频繁的区域或接近水源的地方挖掘浅坑或使用专用的诱捕箱，在坑内或箱内放置白蚁喜欢的食物，如湿木块、纸板或特制的诱饵。这就像是设置陷阱，等待白蚁自投罗网。

（2）使用化学引诱剂：使用专门的白蚁引诱剂，这些引诱剂能够模拟白蚁的信息素，吸引它们前来。将引诱剂涂抹在木材或诱捕箱内，可以提高诱捕效率。

（3）灯光诱捕：利用白蚁有翅成虫的趋光性，夜间在堤坝上设置灯光，下面放置水盆或黏性物质，以捕捉被光吸引的白蚁。

三、蚁道追踪法

白蚁每天在地下通道里穿梭。沿着蚁道细心追踪，蚁道在哪里变宽、变深了，哪里就可能是通往它们家的快速通道，通常就意味着接近主巢了！

追踪蚁道时，可使用小铲子、螺丝刀、探针、细树枝等工具轻轻挖掘，以探查其深度和方向。

在追踪过程中，一定不要忘了做记录和标记。这样，我们就能够轻松地找到它们的家，以便进行下一步的防治工作。

蚁道有什么特征？

（1）蚁道是由土壤、唾液和排泄物混合而成，它们通常坚硬且具有光泽。

（2）蚁道入口附近可能会有白蚁活动的迹象，如泥土的堆积或小颗粒的木屑。

（3）沿着蚁道追踪，需注意蚁道的方向变化和宽度变化。如果蚁道变宽或出现分支，可能是接近主巢的迹象。

四、现代科技法

（一）声波侦探：声频探测仪

白蚁在咀嚼木料时发出微小声响，就像是在地下举行一场秘密音乐会。声频探测仪如同一位敏锐的侦探，能够捕捉到这些微弱的声音。通过分析声波的频率和强度，我们可以知道白蚁的具体位置。

（二）热能追踪者：热像仪

白蚁在地下活动时，会释放出微小的热量。热像仪就像是一位热能追踪者，能够感知到这些热量的变化，并以一幅幅热图的形式展示出来。这些热图就像是一张张藏宝图，指引我们找到白蚁的藏身之处。

（三）电磁波探秘者：三维探地雷达

三维探地雷达是一位电磁波探秘者，它发射出电磁波，然后分析反射回来的信号。它能够揭示地下的秘密

（四）电阻率侦探：高密度电法探测仪

高密度电法探测仪是一位电阻率侦探，它通过测量土壤的电阻率来寻找白蚁的踪迹。白蚁巢穴通常含水量较高，电阻率较低，这位侦探便能够通过这一特征准确地锁定巢穴区域。

（五）多传感器高手：Termatrac T3i

Termatrac T3i 是一位多传感器高手，它集成了雷达、激光热度传感器和湿度传感器。这位高手不仅能够探测到白蚁产生的热量和湿度变化，还能通过雷达波发现它们的行踪。

这些科技猎手各有所长，它们在探测白蚁的战场上各显神通，有了它们的帮助，我们能像超能力者一样，透视地下世界，找到白蚁的藏身之地。

白蚁蚁巢的寻找更像是一场充满乐趣和智慧的冒险游戏！下次当你走在堤坝上时，不妨试试这些方法，看看你

湖泊水生植物知多少

湖泊的四季，一草一木皆风景。

如同一幅异彩纷呈的画卷从"千湖之省"的各处奔涌而来。春天，细雨如丝洒落在湖面上，湖畔的草木蓬勃生长，花朵争奇斗艳，白鹭穿梭其中。夏天，湖中水草翠绿欲滴，接天莲叶、映日荷花好不热闹。秋天，五彩斑斓的秋叶倒映在湖面，将周围的一切尽收其中，宛若一幅山水画。冬天，当第一场雪花飘落，往日活泼的湖水瞬间安静，湖中的一切仿佛被珍藏了起来，静待来年重新绽放。

下面具体介绍湖泊水生植物，对于这些老朋友，下次见面别再尴尬地叫不出名字。

一、湖泊水生植物的总体分类

水生植物家族庞大，主要根据植物根、茎、叶适宜生长的空间不同，细分为五大类：挺水植物、浮叶植物、沉水植物、漂浮植物和湿生植物。

（一）挺水植物

挺水植物的根/根茎在水底，茎、叶挺出水面。

（二）浮叶植物

浮叶植物的根在水底，叶子漂浮在水面上。

（三）沉水植物

沉水植物的根、茎、叶都在水下，仅在开花时部分花朵露出水面。

（四）漂浮植物

漂浮植物的根不固定在水底，整株漂浮于水面，随水漂浮、随风飘荡。

（五）湿生植物

湿生植物喜湿，生长在湿润的环境里（通常在河湖边），但根部不能长期浸没在水中。

二、湖泊水生植物的分类代表

水生植物大家族中，每位成员都默默为生态系统做着贡献，有的好用、有的好看、有的好吃、有的好玩、有的还可入药，有的甚至将所有功能集齐一身，接下来让我们一起记住他们的模样和名字。

(一) 挺水植物

常见的挺水植物有荷花、菖蒲、香蒲、慈姑、荸荠等，它们在水生生态系统中扮演着重要的角色，如净化水质、提供动物栖息地等。

1.荷花

荷花，莲科莲属，"接天莲叶无穷碧，映日荷花别样红"写的就是它，人们通常夏赏荷花秋食莲藕。

特征：根状茎肥厚多节，节间有多数孔眼，就是我们日常食用的藕；叶圆形，叶柄在正中，像盾牌一样挺出水面；花大单生且高于叶面。

记忆点：叶大像伞挺出水。

荷花

2.菖蒲

菖蒲，天南星科菖蒲属，"团粽明朝便无味，菖蒲今日蓦生香"写的就是它，端午节家家户户常将其与艾草挂在门前。

特征：叶从茎基部长出、叶片剑状、叶基部成鞘状包裹、叶中间纵向有一条似肋骨明显隆起，根茎横走，花序呈狭长的锥状圆柱形。

记忆点：花序绿圆柱。

菖蒲

3. 香蒲

香蒲，香蒲科香蒲属，"彼泽之陂，有蒲与荷"中的"蒲"写的就是它，也被人们称为"爆炸草"，蒲棒一捏就炸开。

香蒲

特征：叶从茎基部长出、长条形、叶基部鞘状相互紧抱成茎；花轴肥厚肉质，生于顶端、圆柱状像香肠。

记忆点：蒲棒香肠状。

4. 慈姑

慈姑，泽泻科慈姑属，"三尺清池窗外开，茨菰叶底戏鱼回"写的就是它，球根可食用可入药。

慈姑

特征：叶片箭形、肥厚，匍匐茎末端膨大呈球形茎（就是通常人们食用的慈姑果）。

记忆点：叶大像箭头。

5. 荸荠

荸荠，莎草科荸荠属，"农事未兴思一笑，春荠可采鱼可钓"写的就是它，球根可食用。

荸荠

特征：秆圆柱形丛生、不分枝、中空，匍匐根状茎细长，顶端膨大呈球形（就是人们常吃的"马蹄"）。

记忆点：叶像小葱根马蹄。

（二）浮叶植物

常见的浮叶植物有睡莲、荇菜、莼菜、芡实等，花朵通常美丽动人，是水生植物中的观赏佳品，更是餐桌上常见的食材。

1. 睡莲

睡莲，睡莲科睡莲属，"白石莲花谁所共，六时长捧佛前灯"写的就是它，花朵白天开晚上闭，被称为"花中睡美人"。

特征：根茎直立不分枝，叶近圆形或椭圆形，叶二型，浮水叶浮生于水面，沉水叶薄膜质，花单生，午后开放。

记忆点：花叶通常浮水面。

睡莲

2. 荇菜

荇菜，睡菜科荇菜属，"参差荇菜，左右流之。窈窕淑女，寤寐求之"写的就是它。

特征：茎细且长，叶片近圆形，叶柄着生于叶正中，叶基部深裂（圆形叶中心有一缺口），花朵黄色，伞形花序簇生于叶腋处。

记忆点：花冠金黄且簇生。

荇菜

3. 莼菜

莼菜，莼菜科莼菜属，"莼菜奇香，飘然暮雨中"写的就是它，嫩叶可食用。

特征：匍匐根茎，叶片椭圆状，叶柄着生于叶正中，像盾牌，嫩茎叶及花柄有黏液，可食用。

记忆点：嫩叶椭圆有黏液。

莼菜

4.芡实

芡实，睡莲科芡属，"平生忧患苦萦缠，菱刺磨成芡实圜"写的就是它。

特征：根茎短而粗，有须根，叶丛生于根茎部，圆盾形或盾状心形，叶表面布满荆刺，花瓣紫色多枚，果实就是人们通常食用的芡实。

记忆点：叶大满荆刺。

芡实

（三）沉水植物

常见的沉水植物有苦草、黑藻、金鱼藻、狐尾藻等，它们在水下进行光合作用，为水生生态系统提供氧气。

1.苦草

苦草，水鳖科苦草属。

特征：具有匍匐茎，叶基生，带状，像韭菜叶，边缘有浅锯齿。

记忆点：叶扁似韭菜。

苦草

2.黑藻

黑藻，水鳖科黑藻属。

特征：茎表面有纵向细棱纹，茎的每节轮生一圈叶片、叶片线形或长条形，较稀疏。

记忆点：叶轮生似试管刷。

黑藻

3.金鱼藻

金鱼藻，金鱼藻科金鱼藻属。

特征：叶线形、绿色松针状，像松树枝。
记忆点：叶松针状似鱼尾。

金鱼藻

4.狐尾藻

狐尾藻，小二仙草科狐尾藻属。

特征：草茎粗壮，茎圆柱形、多分枝，羽状复叶轮生，较稠密。
记忆点：羽状复叶似狐尾。

狐尾藻

（四）漂浮植物

常见的漂浮植物有野菱、田字萍、紫萍等。它们具有快速繁殖和扩散的特点，在水生生态系统中发挥着净化水质、美化水景的作用。

1.野菱

野菱，菜科菱属。

特征：沉水叶对生根状，浮水叶聚生茎顶呈三角形，叶柄中部膨大，果实为可食用的菱角。
记忆点：叶三角菱，果三角刺。

野菱

2. 田字萍

田字萍，蘋科蘋属。

特征：叶片浮水，由四片倒三角小叶组成，呈"十"字形，成熟时浮水。
记忆点：四叶田字浮于水。

田字萍

3. 紫萍

紫萍，浮萍科紫萍属。

特征：椭圆形扁平叶单生或 2~5 片簇生，大小不一，叶下着生细根。
记忆点：叶圆背紫色。

紫萍

（五）湿生植物（耐水湿草本）

常见的湿生植物有蒲苇、芦竹、芦苇、荻、美人蕉、梭鱼草等，其根部只有在长期保持湿润的情况下才能旺盛生长。它们不但可以美化湖岸、为水生动物提供栖息地，还能减缓水流、防止岸坡冲刷。

1. 蒲苇

蒲苇，禾本科蒲苇属，"君当作盘石，妾当作蒲苇"写的就是它。

特征：叶长、尖细，叶簇生于根部，圆锥花序大，雌花穗银白色，小穗轴节处密生绢丝状毛。
记忆点：叶窄丛生，花似鸡毛掸子。

蒲苇

2.芦竹

芦竹，禾本科芦竹属，"轻坚芦竹杖，入用自龟堂"写的就是它。

特征：叶稍宽，多节根状茎，杆粗壮，有分枝，花序色深直立。
记忆点：叶宽花直立。

芦竹

3.芦苇

芦苇，禾本科芦苇属，"芦苇晚风起，秋江鳞甲生"写的就是它。

特征：根茎粗壮匍匐，叶根部卷缩连接叶鞘，花序白色狗尾巴状。
记忆点：叶窄花下弯。

芦苇

4.荻

荻，禾本科荻属，"芦荻荣枯又一年，湖州飞絮舞庭前"写的就是它。

特征：叶条形、基部茎粗、花序分散针芒状。
记忆点：花形似扫帚。

荻

5.美人蕉

美人蕉，美人蕉科美人蕉属，"带雨红妆湿，迎风翠袖翻"写的就是它。

特征：叶片宽大、花大且鲜艳、花瓣通常三枚。

记忆点：叶似芭蕉花鲜艳。

美人蕉

6.梭鱼草

梭鱼草，雨久花科梭鱼草属，"一束柔蓝泛紫光，江湖飘荡逐沧浪"写的就是它。

特征：地茎叶丛生，叶片较大，叶形多为倒卵状披针形，花葶直立、穗状花序顶生、多为紫色。

记忆点：叶心形，花圆柱。

梭鱼草

在广袤无垠的自然界，水生植物以其独特的生存方式和生态价值，为我们呈现了一个充满生机与活力的水世界。它们不仅为水生生态系统提供了重要的生态服务，还为人类带来了丰富的资源和美丽的景观。

从仁爱礁的军舰说说人类活动对珊瑚礁的影响

1999 年 5 月 9 日，在美国轰炸中国驻南联盟大使馆的第二天，菲律宾以掩人耳目的方式，派出一艘老旧军舰"马德雷山"号自杀式搁浅仁爱礁，并以技术故障为由非法"坐滩"多年。在这期间，这艘搁浅的军舰持续地向周边海域排污。2024 年 7 月 8 日，由中国自然资源部南海生态中心和南海发展研究院共同编制的《仁爱礁非法"坐滩"军舰破坏珊瑚礁生态系统调查报告》指出，该珊瑚礁（仁爱礁）生态系统的多样性、稳定性和持续性已受到了严重损害。我们来聊一聊在这起事件中应该知道的一些科学概念。

一、珊瑚虫、珊瑚、珊瑚礁是什么

珊瑚虫是一种腔肠动物，广泛分布于热带、亚热带浅海水域中。珊瑚虫身体呈圆筒状，有八个及以上的触手，触手中央有口；多群居，结合成一个群体，食物从口进入，残渣从口排出，以捕食海洋里细小的浮游生物为生。

▲ 珊瑚虫

▲ 珊瑚

珊瑚由多个单体珊瑚虫聚集而成，珊瑚虫在生长过程中能吸收海水中的钙和二氧化碳，然后分泌出石灰石，变为自己生存的外壳。这些钙质的骨骼聚集在一起大多呈现树枝状，也是珊瑚的重要组成部分。

▲ 珊瑚礁

珊瑚礁可以理解为更大规模的珊瑚，是由成千上万的珊瑚虫的骨骼在数百年甚至数千年的生长过程中形成的。珊瑚虫的尸体腐烂以后，会留下群体骨骼，而珊瑚虫的子孙后代们会持续群居在祖先们的骨骼之上，继续繁衍生息。一代又一代珊瑚虫留下的钙质骨骼积沙成塔，经年累月，珊瑚群体内的骨骼累积量相当可观，再与贝类、石灰藻、有孔虫等其他可分泌钙质骨骼的生物胶结在一起，便形成了珊瑚礁。

小小的珊瑚虫居然是造岛能手，我国南海的东沙群岛和西沙群岛、印度洋的马尔代夫岛、澳大利亚的大堡礁等都是珊瑚虫建造的。

二、人类活动对珊瑚礁产生了怎样的不利影响

珊瑚礁对于维持海洋生态平衡、渔业资源再生、生态旅游观光、海洋药物开发及海岸线保护等起到至关重要的作用。珊瑚礁有"海洋中的热带雨林"之称，养活着四分之一的海洋物种。珊瑚礁还是近海的自然防波堤，阻挡着海浪和飓风的入侵。

然而，全球气候变化和人类活动却威胁着珊瑚礁生态系统的健康和稳定，全球珊瑚礁覆盖率大面积下降，大量生活在珊瑚礁生态系统中的生物也随之消失。据联合国环境规划署的报告，全球约 20% 的珊瑚礁已经彻底消失，约 25% 的珊瑚礁处于危险状态，约 60% 的珊瑚礁可能在 2030 年消失，现在世界上几乎没有完好保存的珊瑚礁。导致珊瑚礁退化的主要原因包括气候变暖、海水酸化、海洋污染和病原体引发的疾病等。相关研究表明，人类活动所产生的污水、废弃物排放和陆地泥沙输入等对珊瑚礁产生了较大的不利影响。如果人类活动的干扰不能得到有效控制，那么珊瑚礁的衰退还将不断地加剧。

三、被破坏的珊瑚礁还能恢复吗？我们能做些什么

珊瑚礁生态系统一旦遭受破坏，至少需要 60 年的时间才能恢复。珊瑚生长速度缓慢，平均每年只能增长 2cm，但目前，珊瑚礁被破坏的速度远快于它们的生长速度。

为了保护珍贵且脆弱的珊瑚礁生态系统，在日常生活中我们应做到以下几点。

（1）不购买珊瑚工艺品。很多人把红珊瑚当宝石，制作成项链、挂件等工艺品，但红珊瑚是深水珊瑚，生长速度极为缓慢，一经破坏，不可再生。

（2）潜水时勿触碰珊瑚。由于珊瑚体内有虫黄藻共生，所以珊瑚会展现出五颜六色的美丽外表，潜水时千万不要触碰迷人却脆弱的珊瑚。

（3）不使用对珊瑚有伤害的防晒霜和其他洗化用品。防晒霜中的有机化合物羟苯甲酮会对珊瑚造成损害，在 2021 年，夏威夷已禁止销售含有氧苯酮和桂皮酸盐等成分的防晒产品。

不购买珊瑚工艺品

潜水时勿触碰珊瑚

不使用对珊瑚有伤害的防晒霜和其他洗化用品

在珊瑚的世界里，生与死的界限往往十分模糊。珊瑚礁既是它们生前的家园，也是它们死后的坟墓。活珊瑚和死珊瑚彼此嵌套，维系着整个珊瑚礁的生生不息。它们依托海岸、海底、海山顶部或已有礁体不断生长、死亡、堆积，使珊瑚礁始终向着海面生长。珊瑚在长达 25 亿年的演变过程中保持了顽强的生命力，不论是狂风暴雨、火山爆发还是海平面的升降，都没能让它灭绝，然而珊瑚能抵御地球以万年为单位的生态变化，却不能应对人类近百年带来的环境变动。那艘不惜以破坏珊瑚为代价的"坐滩"军舰千万别把他人的容忍和克制当成可乘之机，这终究不过是一场可笑又可恨的闹剧！

水

历史文化
HISTORY AND CULTURE

- 三生三世之人水情未了

- 华夏治水英雄传

- "华夏第一渠"白起渠的前世今生

- 小间谍不务正业，大工程利在千秋

- 蕴藏在洪涝之中的处世哲学

三生三世之人水情未了

纵观人类文明史，无论是黄河流域的古中国文明、两河流域的古巴比伦文明、尼罗河流域的古埃及文明，还是恒河流域和印度河流域的古印度文明，这些文明的发祥地都与河流有着千丝万缕的联系。

　　水是生命之源、文明之源，是自然界最为活跃的要素，更是推动人类历史发展演变的真正动力。

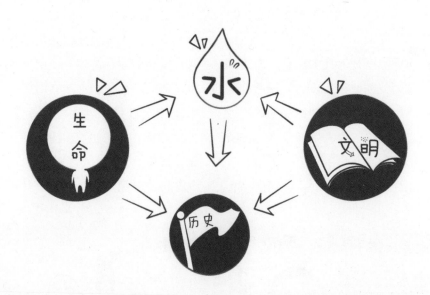

　　江河之所以能够成为人类文明发祥地，是因为大河两岸水源充足、地势平坦、土地肥沃、气候温和，有利于农作物生长，能够为人类早期的渔猎生活、采集生活以及后来的农耕生活提供水源、肥料、交通和动力。

　　人类文明的发源与繁荣离不开水，人类文明的发展史，正是一部畏水、驯水、护水和亲水的历史。

一、农耕文明的敬畏与被动

当原始渔猎和采集不能果腹，对于刚刚摆脱蒙昧的古人来说，刀耕火种的出现具有划时代的意义，原始的农耕文明便从此开始。但刀耕火种意味着水土流失，人类在解决基本的粮食需求的同时，也开始饱尝水旱灾害的苦果。一次小小的灾害，可能会危及一个部落的生死存亡。虽有大禹、李冰等治水英雄，但落后的认知水平和低下的生产能力使得人类在水旱灾害面前仍处于劣势，并由此产生了对水的敬畏和躲避。在农耕时代，对于水旱灾害的防治，人类寄希望于神灵。因此，自殷商开始的历朝历代，无论庙堂之上还是乡野之间，均有各式各样的祭祀河神活动。

二、工业文明的征服与盲目

工业时代到来后，知识带给了人类前所未有的自信，人类开始疯狂地征服自然界中他们认为可以被征服的一切。用坚固的大坝把洪水困在崇山峻岭之间，并将其转化为源源不断的电能；用固若金汤的堤防消除水患。人类对水不再退避三舍、谈之色变，江河湖海千帆竞渡、百舸争流；大河两岸工厂林立、空前繁荣，一江清水成为最廉价的生产原料……江河就像魔术师的口袋，人类可以从中得到任何想要的东西。

人类征服自然、改造自然，在不断索取资源和空间的同时，也相应得到了大自然回馈的附属品——被污染的空气、有毒的土壤、变色的河水、奇怪的疾病、消亡的物种和更加疯狂的自然灾害。

三、生态文明的理性与和谐

人类只是地球上的一个物种，每个个体只是人类文明长河中的匆匆过客。对于当代社会来说，我们需要思考的是，以我们现有的认知和能力，能给我们的子孙后代留下一个什么样的地球和环境？人类应该如何与水和谐相处？自20世纪80年代以来，在全球范围内就开始陆续出现水资源短缺、水环境恶化等一系列水危机事件，并严重威胁到人类的生存和发展。人类开始重新审视自己在自然界中的地位和行为，逐渐拉开了生态文明时代的帷幕。

随着生产方式的转变，水将作为辅助因素逐渐回归自然，不再是生产过程的主导因素。第三次科技革命为此提供了可能。随着原子技术、计算机技术和空间技术的广泛应用，以及信息技术、新能源技术、新材料技术、生物技术和海洋技术的快速发展，人类社会形成了新兴的产业群。这场革命是生态学意义上的革命，因为新兴的生产方式决定了水除了满足人类的基本生活需要外，更多的是要回归自然。

河流孕育了文化，文化重塑了河流。无论是古巴比伦王国的消失、玛雅文化的衰亡，还是楼兰古国的掩埋，都在诉说着同一个事实，如果过度向河流索取，河流将以自己的方式对人类进行惩罚，导致人类创造的文明消逝。

今天我们所倡导的生态文明既是对农业文明的超越，也是对工业文明的扬弃。它是一种经历了否定之否定后的、理性的回归，是自然界的真正复活，是人实现了自然主义和自然实现了人道主义的统一。

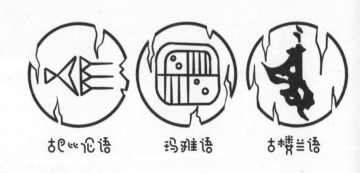

华夏治水英雄传

自古以来，人类逐水而居，几乎每一个区域、每一个文明古国，都是因河而产生了文明。

中华民族的水利事业源远流长，从传说中"三过家门而不入"的大禹治水到现代一座座宏伟壮丽的水利工程，我们从未停止过与水的"较量"，历朝历代治水英雄们的光辉事迹汇成了"华夏治水英雄传"。

一、先秦时期

黄河流域遭遇了特大洪灾，老百姓生活在水深火热之中。部落联盟首领尧和舜先后任命鲧（Gǔn）和禹负责治理水患。鲧采用的是"兵来将挡，水来土掩"的策略，即用土筑成的堤坝去抵挡洪水。可是面对滔滔洪水，水位不断上升，而大坝又不能无限制垒高，于是鲧在与水的对抗中败下阵来。禹是鲧的儿子，他从父亲的失败中吸取了教训，总结出了"因势利导"的治水方式，带领成千上万的人疏通河道，让洪水顺着地势流入大海。"海纳百川，有容乃大"，面对再多的洪水，大海也能照单全收。终于水患平定，人民得以安居乐业，禹的治水故事也被后人广为流传。

二、春秋战国时期

李冰是战国时期著名的水利工程专家，在蜀郡（今成都一带）担任太守期间，征发民工在岷江流域修建了大量水利工程，都江堰水利工程便是其中之一。他充分考虑了自然环境和气候条件，将岷江的水流分为内江和外江两部分，内江用于灌溉，外江用于分洪，令成都平原的水资源得到了有效利用和调控。令人惊喜的是，都江堰建成两千多年来发挥了重大作用，使得成都平原实现了农业的稳定生产和经济的高速发展，有了"天府之国"的美誉。

三、东汉、三国时期

东汉时期的农业水利工程专家毕岚发明了一种叫作"渴乌"的装置，运用虹吸的原理将低处的水引向高处，极大地提高了农田的灌溉效率。

相传，诸葛亮去成都城西北郊柏条河（今府河）视察，得知这一带的洪水连年泛滥，便派遣了近千名士兵挖河筑堤，很快修起了一条长九里、宽九尺、高九尺的防洪大堤，成功抵挡了当年秋汛的洪水，外出逃荒的人听闻都纷纷回到家园，过上了安居乐业的生活。

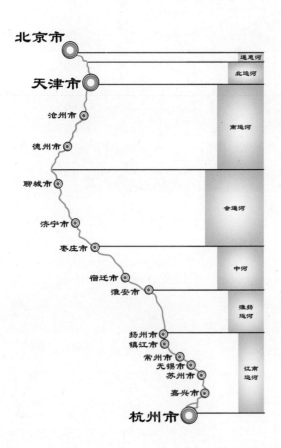

北京市
通惠河
天津市
北运河
沧州市
南运河
德州市
聊城市
会通河
济宁市
枣庄市
中河
宿迁市
淮安市
淮扬运河
扬州市
镇江市
常州市
无锡市
江南运河
苏州市
嘉兴市
杭州市

四、隋唐时期

隋文帝为解决长安漕运问题，命宇文恺率水工凿渠，修建了广通渠。隋炀帝为加强南北交通、统治全国，把白沟、屯氏河、清河等河流巧妙地连接起来，从河南武陟一路延伸至北京西南，形成了一条壮观的大运河，即永济渠。它使海河和黄河连接在一起，让中国的水路交通更加四通八达，南北经济文化的交流也因此变得更加紧密。

五、宋代

宋代人发明了记录水位的水则碑，其分左右两块，左水则碑记录着每年的最高水位，右水则碑记录着一年中每个月的最高水位。

水则碑的作用可不仅仅是记录，还能够对比当年与往年的水位，以此提醒各行各业注意防范洪水和干旱。

比如，农民可以根据水则碑的记录合理安排农事活动；水利部门可以根据水则碑的记录，制订更加科学的防洪抗旱方案；交通运输部门也能通过对水则碑的观测，及时掌握水位的变化，保障船只通航的安全。

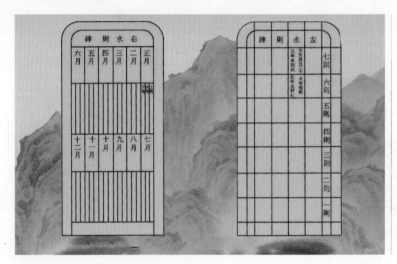

▲《吴江水考》水则碑式样

六、清代

清代每年都会对黄河进行一次"验水"，即使用银称天平来称量黄河1—12月的水，水用相同的羊皮袋密封着，按照1月、2月的顺序依次倒入天平来称重，并记录下数据。根据水的重量变化来判断来年的旱涝情况：如果水越来越重，则表示雨量充足；如果水越来越轻，则表示雨水缺乏。据说在乾隆之前，清代已经测了82次，其中77次都预测准了，准确率达到94%左右。其中蕴藏的原理是：雨水汇流成河时会携带泥沙，降水越充沛，携带的泥沙越多，导致取样的水越重，反之亦然，所以能凭此预测旱涝。

七、现代社会

人类与洪水的较量一直延续至今，现代的治水英雄们用科技的力量、智慧的大脑与洪水继续斗智斗勇。他们研究天气的变化、地形的起伏、水文的循环，使用精准的数据、制订科学的方案去抵御和利用那势不可挡的洪水。

在我们的手中，那些冷冰冰的测量仪器与计算机模型成了最有力的武器，使我们能够建造出牢固的水库大坝，也能精准地预测出洪峰的到来，与洪水赛跑，保护我们的家园。

古今的治水故事，让我们见证了人类对水的敬畏与挑战，不管是古代的大禹，还是现代的水利工程师们，他们都在用自己的方式告诉我们：人类与水的关系是复杂的，治水不仅是技术问题，还蕴含着人与自然如何和谐共处的深思。

"华夏第一渠"白起渠的前世今生

白起渠（又名长渠）位于湖北省襄阳市南漳县，地处汉江中游蛮河流域，始建于公元前279年，是具有2300多年历史的蓄水引水灌溉工程，素有"华夏第一渠"之称。2008年，白起渠被列为湖北省第五批省级文物保护单位，2018年与都江堰、灵渠、姜席堰一起入选世界灌溉工程遗产名录。

一、前世是威震四方的战渠

公元前279年，秦昭王派名将白起领兵伐楚，白起率领数万秦军沿着汉江东下，接连攻克多处沿江要地，一路杀至楚国别都鄢（今湖北宜城东南部）。鄢城距离楚国国都郢城非常近，是捍卫国都的军事要地，楚国在此集结重兵、顽强抵抗，秦军迟迟无法攻克。

在攻势受阻、久战不胜的情况下，白起决定采用"水攻"，以地势和湖泊为"鞘"，以拦蓄工程、修筑堤坝为"柄"，以水为锋，引蛮河（古称"夷水"）水灌鄢城，鄢城遂破。

二、今生是造福百姓的灌渠

战事结束后，秦国在当地设置鄢县，并对白起渠进行疏浚改造，用以灌溉农田。由此，"战"渠逐步变为"灌"渠，所灌之处，皆成膏腴之地，造福一方百姓。白起渠也成为古代中国历史上化剑为犁的范例。

在之后的两千多年时间里，人们对白起渠进行了大规模整修完善，而每次修缮都沿用"陂渠串联"的水利形式，形态好似"长藤结瓜"——水渠作"藤"，水库、堰塘为"瓜"。中华人民共和国成立后，为提高灌溉效益，人们多次对其进行维修、扩建、配套、挖潜，并在主干渠上延伸出多级塘、渠、库，使其成了"长藤结瓜"式农业灌溉体系的典范。今天的白起渠不仅是世界灌溉工程遗产，而且还入选了全国水利风景区，是去襄阳游玩的好去处。

三、充满智慧的"神秘功夫"

（1）斗转星移："陂渠串联""长藤结瓜"。通过塘、渠、库串联，解决了"来水"与"用水"之间在时空分布上和水位高程上的矛盾，实现了"蓄水以备用水之需"。

（2）般若神掌："竹笼筑坝"。将竹片编笼，填塞卵石垒成堤坝。此法兼具泄洪、抗冲击及适应河床变形的功能，彰显古人因势利导的智慧。

小间谍不务正业，大工程利在千秋

谁在叫我？

郑国不是一个国家，而是一个人，他修了水渠，该渠被秦王嬴政命名为"郑国渠"。古代修渠不是常事吗？这条渠到底有啥与众不同？

公元前 247 年，秦庄襄王在任的第三年，秦国攻克上党各城，将其设置为太原郡，同年嬴政即位。秦国继续强势东扩，首当其冲的便是韩国。当时韩桓惠王忧心忡忡，生怕秦国哪天突然灭了他，于是挖空心思地想办法……

怎样才能保国呢？

韩桓惠王萌生一计，利用秦国大肆求贤的机会，派了一位懂水工的使臣去秦国当间谍，游说秦王修水渠，以此来拖垮秦国的国力。韩桓惠王怎么不自己留着工程师修工程，反倒帮助别人呢？原来这条水渠工程量浩大，韩国弱小不具备实力。而且韩桓惠王打的算盘是让郑国到秦国去修一条失败的水渠，这样不仅能耗费秦国的人力和钱财，还能拖住他们进攻的步伐。

拖垮秦国在此一举！

接旨！

可谁知郑国品性善良，是个合格的工程师，一心想的是让工程修成，滋润良田，造福百姓。

时间一长，韩桓惠王觉得不对劲，郑国这是要让秦国修成水渠受益啊，这不是搬起石头砸自己的脚吗？于是韩桓惠王派人将郑国的身份告诉给了秦王嬴政，想借秦王嬴政的手杀了郑国，让这水渠功亏一篑。

滋润良田 造福百姓

禀报大王，有间谍！

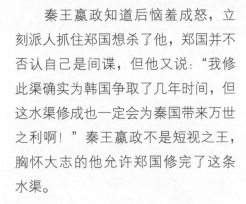

秦王嬴政知道后恼羞成怒，立刻派人抓住郑国想杀了他，郑国并不否认自己是间谍，但他又说："我修此渠确实为韩国争取了几年时间，但这水渠修成也一定会为秦国带来万世之利啊！"秦王嬴政不是短视之王，胸怀大志的他允许郑国修完了这条水渠。

秦国当时的总人口不到 600 万，关中地区也就 100 万人，这条水渠修成之后能多养活几十万人，为秦国东出扫灭六国奠定了坚实的基础。1930 年，我国近代著名水利先驱李仪祉先生在郑国渠的遗址上主持修建了泾惠渠，使郑国渠再次发挥了灌溉效益。2016 年，郑国渠被列入世界灌溉工程遗产名录，建成了旅游景区、引泾灌区，郑国渠至今仍在持续地产生效益。

蕴藏在洪涝之中的处世哲学

　　自然灾害是人类社会面临的重要挑战之一，其中洪灾和涝灾是两种常见的水灾类型，经常以"洪涝灾害"的形象示人，难怪人们难以区分。虽然它们都与水有关，但在性质和影响等方面却存在着明显的区别，那到底何为洪？何为涝？二者又有什么不同？

　　洪涝常常有"外洪"和"内涝"的说法，如果把"洪"比喻成"外交"，那"涝"就是"内务"了。洪灾是指在短时间内大量的降雨或融化的雪水导致河流、沟渠和湖泊水位迅

速上涨，超出了它们的容量范围，堤防被破坏，从而造成周围地区被水淹。涝灾则是由于长时间的降雨或地下水位升高，导致土壤过度饱和，水无法迅速排走，从而造成低洼地区积水。

　　洪灾和涝灾对社会和环境的影响各不相同。洪灾往往是迅猛的水流并携带泥沙、碎石等，具有冲击力大的特点，可造成较大的破坏，可能会淹没房屋、农田、道路和桥梁，导致财产损失和人员伤亡，甚至影响整个社会的经济系统。此外，洪水还可能造

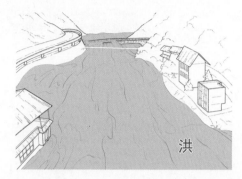

成河岸侵蚀、土壤退化等问题。涝灾虽然也会造成一定的损失，但通常情况下不如洪灾造成的损失严重，其主要表现为积水现象，可能导致低洼地区的农作物受损、交通受阻，同时也可能引发疾病传播等健康问题。

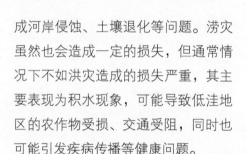

面对如此可怕、后果严重的洪涝灾害，千百年来，人类在与其斗智斗勇的过程中积累了一系列应对经验。对于洪灾的防范，可以采取加强堤坝、修建水库、改善河道排水系统等措施；此外，科学合理的城市规划也能减少洪水对城市造成的影响。而对于涝灾，主要的防范措施包括改善排

水系统、提高土壤透水性、合理开发低洼地等。

由于流域的水系具有互通性，所以对于不同流域边界内的土地来说，孤立是相对的，联系是绝对的。任何一块土地上的水可能会对其自身产生"涝"的风险，也可能会对其附近流域产生"洪"的风险。

洪涝灾害常是伴生的，也是相对的。本流域下雨的同时，附近的流域往往也会迎来降雨。流域的边界可以小到一个村庄，也可以大到一个省份，甚至是一个国家。

水专属节日
EXCLUSIVE FESTIVALS

- 保护河湖环境，共建生态家园

- 关注全球气候变化，呵护人类共同家园

- 珍惜水、爱护水

- 珍惜地下水，珍视隐藏的资源

- 欲变世界，先变自己

- 水利万物，善用者达

保护河湖环境，共建生态家园

第二十七届"世界水日"的主题是"Leaving no one behind"（不让任何一个人掉队），第三十二届"中国水周"的主题是"坚持节水优先，强化水资源管理"。

　　水作为生命的源泉，滋养着地球上的每一个生命体，水生态系统的健康直接影响人类的生存和发展。一个健康的水生态系统不仅能够提供清洁的饮用水，还维持着丰富的生物多样性，维持着自然界的食物链和生态循环。然而，随着工业化和城市化的快速发展，水污染、过度捕捞、河流改道等人为活动对水生态造成了严重破坏。这不仅威胁到了水生生物的生存，也影响了人类自身的健康和福祉。因此，保护水生态不仅是对自然界的尊重，而且更是对未来世代担负的责任。

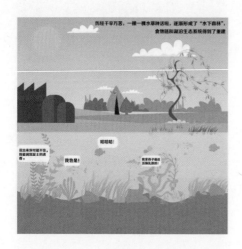

　　我们必须采取行动，减少污染，合理利用水资源，保护和恢复水生态环境，共同构建一个可持续的水生态环境，让清澈的河流、湖泊成为人类和其他所有生物共享的宝贵财富。

关注全球气候变化，呵护人类共同家园

第二十八届"世界水日"和第三十三届"中国水周"的主题分别为"Water and Climate Change"（水与气候变化）和"坚持节水优先，建设幸福河湖"。

水与气候变化是紧密相连的全球性问题，它们共同影响着地球的健康和人类的未来。气候变化导致极端天气事件频发，如干旱、洪水和飓风等，这些天气事件不仅威胁水资源的稳定供应，还可能破坏水生态系统的平衡，引发一系列生态和社会问题。

我们必须认识到，水是气候变化影响下最敏感的自然资源之一。随着全球温度的升高，冰川融化、海平面上升和降水模式的改变，都在考验着我们对水资源的管理和适应能力。因此，我们有必要采取行动，关注水与气候变化之间的联系，并积极参与到应对这一全球挑战的行动中来。

▲ 这些都或多或少与全球气候变化相关。那么，我们到底经历了怎样的气候变化？

▲ 自1950年以来，全球气候变化是过去几百年甚至近千年以来史无前例的。2020年1月，南极气温首次突破20℃，这是自1880年南极有气象记录以来最热的1月！

▲ 气候变化的原因是多方面的，但人类活动造成CO_2排放量的增加是最主要的原因。

▲ 气候变化对人类的影响是深远的，谁也不知道全球变暖最坏的结果是什么。

▲ 一场席卷全球的新冠疫情使人类清醒地认识到，在自然面前，我们曾引以为傲的科技和智慧依然是有限的，一个个鲜活生命的逝去警示人类不能自大。

最初，没有人在意这些灾难，而只是认为这不过是一场山火、一次洪涝、一次干旱、一滴水的浪费、一口井的枯竭、一个物种的灭绝、一座城市的消失……直到这些灾难和每个人息息相关

▲ "雪崩的时候，没有一片雪花是无辜的！"我们共住地球村，请您一同关注全球气候变化，呵护人类共同家园！

珍惜水、爱护水

2021 年 3 月 22 日是第二十九届"世界水日"，2021 年 3 月 22—28 日是第三十四届"中国水周"。联合国确定 2021 年"世界水日"的主题为"Valuing Water"（珍惜水、爱护水）。我国纪念 2021 年"世界水日"和"中国水周"活动的主题为"深入贯彻新发展理念，推进水资源集约安全利用"。

珍惜地下水，珍视隐藏的资源

2022年3月22日是第三十届"世界水日"，2022年3月22—28日是第三十五届"中国水周"。

联合国确定2022年"世界水日"的宣传主题为"Groundwater—Making the Invisible Visible"（珍惜地下水，珍视隐藏的资源）。我国纪念2022年"世界水日"和"中国水周"活动的宣传主题为"推进地下水超采综合治理，复苏河湖生态环境"。

地下水
groundwater

今天就由我来给大家介绍平时看不见但又极其珍贵的地下水吧！

水是万物之源，广泛地分布在大气、地表和地下，而埋藏在土壤和岩石中的水因为远离了人们的视线而容易被忽略。

但是存储在地表之下的水资源却是非常可观和珍贵的，所以保护并利用好地下水资源对于人类来说至关重要。

水是生命之源，有水的地方才可能有生命。长期生活在空中的雨燕、军舰鸟、信天翁都要依赖空气中的水分。

地表的江河湖海更是孕育了多种多样的生物。

地面之上生机勃勃，而地面之下也不是生命的禁区。在中国广阔的地下水系统中，科学家已经发现了盲虾、小眼睛盲鱼等43种盲目或半盲目的生物。可见，生命的孕育可以没有阳光，但离不开水。

地下水是水在循环过程中因存储介质的不同而表现出的一种状态。大气中的水通过降雨变成地表水，地表水通过渗透进入土壤、岩石，变成地下水，地表水和地下水通过径流、蒸发又再次回归大气，三者就这样不停地进行着循环。大气水、地表水和地下水构成了完整的水循环系统。

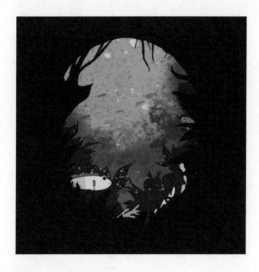

《易经》中有"天生一，一生水，水生万物"的说法，表达了天地宇宙间的物质、能量和信息均可储藏在水中。古希腊的哲学家泰勒斯也认为："水生万物，万物复归于水。"无色、无味、无形的水孕育生命、洗涤万物、交换能量，是人类赖以生存的宝贵资源！

欲变世界，先变自己

秘鲁的克丘亚人有这样一个关于蜂鸟的古老故事，讲述的是如何应对危机。

有一天，森林发生了火灾。

所有动物竞相逃命。

它们呆立在火场边缘，惊恐而悲伤地注视着熊熊烈火。

在它们的头顶上方，一只蜂鸟在火场飞来飞去，周而复始。

体型较大的动物问蜂鸟在做什么。

"我飞到湖边取水帮助灭火。"

动物们嘲笑道："你扑不灭这场大火！"

蜂鸟回答道："我在尽我所能。"

上面这则故事被分享在联合国"世界水日"的官网上，期望以蜂鸟的行动向人们传达"Be the change you want to see in the world"（欲变世界，先变自己）的理念。

2023年3月22日是第三十一届"世界水日"，2023年3月22—28日是第三十六届"中国水周"。

联合国确定2023年"世界水日"的宣传主题为"Accelerating Change"（加速变革）。

我国纪念2023年"世界水日"和"中国水周"活动的宣传主题为"强化依法治水，携手共护母亲河"。

当前，全球气候变化和人类活动的影响日益加剧，频繁的高温、干旱和各类极端天气事件导致水资源危机日渐严重。全球约有 36 亿人每年至少有一个月的用水量严重不足，这一数字预计到 2050 年将突破 50 亿。全球仍有 20 亿人无法获得安全、可靠、卫生的饮用水，面临着严重的健康危机。

2022 年 6—8 月，长江流域发生了百年不遇的大旱。截至当年 8 月 28 日，高温干旱导致湖北省 17 个市（州、直管市、林区）87 个县（市、区）有 792.99 万人受灾，因旱需要生活救助的达 90.06 万人，其中因饮水困难需要救助的有 53.36 万人；农作物受灾面积达 91.801 万公顷（1377.02 万亩），其中绝收面积达 8.946 万公顷（134.19 万亩）；直接经济损失达 74.36 亿元。

水资源与水安全同人类的命运息息相关，我们必须行动起来！效仿开篇故事中的蜂鸟，面对熊熊大火，哪怕一次就取一滴水，也要践行"欲变世界，先变自己"的理念。因为，无论多么微小的一个举动，都将有助于解决全世界的水危机。

联合国统计了世界各地区最受欢迎的 3 个水事活动。

（1）停止污染：不要将厨余垃圾、油、药物和化学品倒入厕所或下水道。

（2）保护自然：通过种树、打造雨水花园等方法，减少洪水风险并存蓄水源。

（3）食用本地食物：购买本地应季食物并寻找节水产品。

不积跬步，无以至千里；不积小流，无以成江海。全球水资源危机固然严峻，但只要我们行动起来，解决问题的希望就依然存在。

水利万物，善用者达

水可以创造和平，也可以引发冲突。

东非大陆正经历着持久的干旱，炎热的阳光毫不留情地照射着大地，泥土如同被烈日晒伤的皮肤一样，裂开了深深的皱纹，毫无生机。生活在泥土下方庞大王国里的蚂蚁也难逃厄运。面对持久的干旱和饥饿，闹闹和壮壮所在的家族正经历着前所未有的严峻考验。

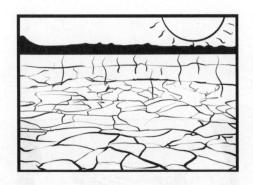 

持续的缺水让蚂蚁们陷入深深的绝望，大家只能躺在洞穴内一动不动，减少水分和体力的消耗，等待雨水的到来。

突然，"咚"的一声打破了洞穴的死寂。只见洞壁上居然渗出了一滴水，没错，是一滴水，一滴活下去的希望。

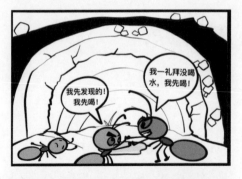

闹闹和壮壮以百米冲刺的速度来到水滴旁，都想喝这滴水。即便是口干舌燥、奄奄一息的状态，也没能阻止它们为了抢夺一滴水而大打出手。

闹闹："小子，让你尝尝'降龙十八掌'的厉害。"

壮壮："哈哈哈，说大话的家伙，你要是能降龙，我就能绊倒大象，你也来试试'咏春拳'的滋味吧！"

闹闹和壮壮越打越激烈，丝毫没注意它俩抢夺的那滴水早已渗入干涸的泥土里消失不见了。正当它俩比武比得不分高下时，小聪明正带领着蚂蚁们用干枯的树叶来收集水了。

小胖墩："可是这样抬水又慢又累，而且来不及收集其他水滴呀！"

小聪明："别急别急，一队继续抬水，二队跟我来，我们要用最短的时间建造一个蓄水工程。"

小聪明真是脑子快，用一根树枝、一片树叶完美解决了引水难题。小可爱带领着老人和孩子们有序地喝水，果然是"众力无敌、众智无畏"啊！

东非大陆经过短暂的平静后迎来了雨季。突然到访的雷雨狂野而猛烈，空中的雨水如同江河被撕开千万道豁口随着划破夜空的闪电与震撼人心的雷声倾泻而下……

小聪明："不好，洞穴可能会坍塌，咱们要快点儿转移。"

小可爱："呜呜呜，保护好孩子们呀！"

小聪明："放心，我一定安全转移所有孩子。"蚂蚁宝宝们躺在像摇篮一样的树叶船上，丝毫感觉不到即将到来的危机。

两队蚂蚁同时到达洞口，平时顺畅的洞口此时却显得异常狭窄，闹闹和壮壮又在为谁先走而急红了眼。

闹闹："小子，上次的伤疤好了吗？忘记疼了吧？"

壮壮："嚣张的家伙，今天休想让我手下留情！"

闹闹和壮壮开始在水下缠斗起来，轮番将彼此按下去"大饱水福"，只见它俩的肚子越来越大。

正当闹闹和壮壮在水下斗得不分胜负时，洞口突然被水冲破，洞穴瞬间变成一片汪洋。

小聪明："够了，别打了，你们俩的肚子当不了水库，有力气还不如干点儿正事！"

小聪明："大家别慌，听我指令，请排列成双层渡河队形！"

只见蚂蚁们迅速列队，形成了一个巨大的"浮岛"，分为上下两层，上层蚂蚁抬着宝宝们，下层蚂蚁犹如坦克的"履带"一般提供着最为有力的支撑，上、下两层蚂蚁有序地轮换着，不让任何一只蚂蚁因长时间泡在水里而被淹死。

就这样一只拽着一只、一只推着一只，蚂蚁们成功脱困了。

小可爱："吓死我了，好惊险啊！还好，宝宝们都是安全的。"

洪水退去，阳光重新普照大地，东非大陆又恢复了往日的平静。清新的空气中弥漫着雨水的气息，混合着泥土的芳香，让人如痴如醉。

小胖墩："大家快来晒太阳啊，再不晒我就要长蘑菇了！"

蚂蚁们一边讨论着谁会长出最好看的蘑菇，一边摆出各种奇葩的造型享受着难得的日光浴，庆祝劫后余生。

2024 年 3 月 22 日是第三十二届"世界水日"，联合国确定的宣传主题为 "Water for Peace"（以水促和平）。2024 年 3 月 22—28 日是第三十七届"中国水周"，活动主题为"精打细算用好水资源，从严从细管好水资源"。

随着全球气候变化加剧与人口持续增长，在与环境恶化作斗争的过程中，水将变得越来越重要。我们迫切需要团结起来，学习漫画中的小蚂蚁，共同保护并珍惜地球上最珍贵的水资源。